河北省科普专项项目编号 19K57623D

人工智能与社会发展

袁方　主编

河北大学出版社
·保定·

RENGONG ZHINENG YU SHEHUI FAZHAN
人工智能与社会发展

出 版 人：朱文富
责任编辑：刘 婷
装帧设计：张彦琪
责任校对：陈浩苏
责任印制：常 凯

图书在版编目（CIP）数据

人工智能与社会发展 / 袁方主编 . -- 保定 ：河北大学出版社，2022.3
ISBN 978-7-5666-2020-0

Ⅰ．①人… Ⅱ．①袁… Ⅲ．①人工智能－研究 Ⅳ．①TP18

中国版本图书馆 CIP 数据核字（2022）第 042384 号

出版发行：河北大学出版社
地址：河北省保定市七一东路 2666 号 邮编：071000
电话：0312-5073019 0312-5073029
邮箱：hbdxcbs818@163.com 网址：www.hbdxcbs.com
经 销：全国新华书店
印 刷：河间市乐华印刷有限公司
幅面尺寸：170 mm × 240 mm
印 张：16.5
字 数：244 千字
版 次：2022 年 3 月第 1 版
印 次：2022 年 3 月第 1 次印刷
书 号：ISBN 978-7-5666-2020-0
定 价：39.00 元

内容提要

本书是一本介绍人工智能与社会发展知识的科普书，介绍人工智能的由来与发展、人工智能的应用、智慧教育、智慧医疗、智慧司法、机器学习方法、深度学习方法、5G助力人工智能应用、人工智能未来发展、高性能计算机、计算机网络与互联网、算法等内容。

本书内容设计强调科学性、系统性与严谨性，写作表述注重深入浅出、通俗易懂、形象生动，可作为学习、了解人工智能知识的科普读物，也可作为高等学校人工智能通识课的教材。

前　言

自 2016 至 2017 年“阿尔法狗”（AlphaGo）围棋程序先后战胜世界围棋冠军李世石、柯洁以来，人工智能热潮席卷全球。不仅学术界在热议人工智能，政府、高校、科研机构、企事业单位、风险投资商与社会大众对人工智能也广泛关注，进而催生出一大批实用化人工智能系统。

拿人们熟悉的网络购物来说，网络购物以其简单快捷、省时省力、价格实惠的优点吸引了越来越多的消费者。虽然网购物品数量快速增加，但消费者收到所购物品的速度不仅没有变慢，有时还加快了。这背后就是在网购多个环节上使用了智能机器人，从客户服务、海报设计，到仓库拣货、快递分拣、快递配送，再到数据中心运行维护，都有“态度认真、不知疲倦”的智能机器人在协助相关人员工作，大大减轻了工作人员的压力，提高了工作效率。

人工智能的广泛应用，已经显示出其对经济社会高质量发展的强大推动作用。人工智能将会深刻改变人类生产生活方式和思维模式，可能带来改变就业结构、冲击法律与社会伦理、侵犯个人隐私、挑战国际关系准则等问题。人工智能带给我们的，既有重大机遇，也有新挑战。

本书在介绍人工智能知识和应用实例的基础上讨论一些需要思考的问题。例如，什么是人工智能？人工智能有哪些应用？人工智能是如何工作的？人工智能相对于人有哪些优势与不足？面对人工智能如何更好地发挥出人的优势？如何才能利用机遇、化解挑战？非人工智能专业人员为什么也要学习了解人工智能知识？人工智能将会在哪些方面有新的突破？如何保证人工智能安全、可靠、可控发展？人工智能与高性能计算机、大数据、高质量算法是什么关系？等等。

全书共 12 章，分为 5 篇。

第 1 篇：发展篇。本篇介绍人工智能的由来与发展，包括人工智能的起源、人工智能的正式诞生、人工智能的定义、人工智能的三个快速发展时期、人工智能领域的图灵奖获得者、人工智能的研究方法、弱人工智能与强人工智能等内容。

第 2 篇：应用篇。本篇在简要介绍博弈、定理自动证明、自然语言处理、计算机视觉、语音识别、智能机器人、自动驾驶汽车等应用的基础上，重点介绍了人工智能在教育、医疗和司法领域的应用，讨论了为适应未来的人机协同工作场景，人们在知识学习、能力培养、素质提升方面需要进行怎样的调整与改进。

第 3 篇：方法篇。对于非人工智能专业人员，在学习了解人工智能方法的基础上，理解人工智能系统的工作原理，进而理解用人工智能系统解决问题时的优势与不足，培养提高自己与人工智能系统互补的能力素质，才能在人机协同场景下，更好地发挥自己的优势，保持在智能社会的竞争实力。本篇介绍机器学习方法和深度学习方法，包括分类方法、聚类方法、弱监督学习方法、深度神经网络方法等。

第 4 篇：未来篇。自 21 世纪初人工智能再次活跃以来，各国政府对其高度重视，纷纷制定相关发展规划，加大投资力度。人工智能理论研究、技术开发、落地应用持续推进。本篇介绍 5G 对人工智能应用的助推作用、相关机构与专业人士对人工智能未来发展的展望、为保证人工智能安全、可靠、可控发展相关组织所制定的伦理规则。

第 5 篇：基础篇。人工智能应用是在计算机单机应用、计算机联网应用基础上的自然升级，人工智能的基础是高性能计算机、大数据和高质量算法。本篇介绍计算机的发展历程，从机械计算机到运算速度达几十亿亿次的超级计算机；介绍计算机网络和互联网的发展，互联网的应用使收集大数据成为可能；介绍算法设计知识及人工智能算法的特点。

本书由袁方主编，安海宁和肖胜刚参与编写。第 8 章由安海宁编写，第

11 章由安海宁、肖胜刚、袁方编写，其他章节由袁方编写，由袁方统编定稿。

本书的编写、出版得到河北省科普专项（19K57623D）的资助。本书的编写参考了大量的书籍、报刊，并从互联网上参考了部分有价值的材料。在此，我们向资助者和有关参考文献的作者、编者、译者及网站表示衷心的感谢。

由于本书涉及内容较多及编者水平所限，书中定有不妥之处，敬请读者批评指正，联系方式为 yuanfang@hbu. edu. cn。

编　者

2021 年 9 月

目 录

第1篇 发展篇

第1章 人工智能的由来与发展 ……………………………………………………（3）
1.1 人工智能概述 …………………………………………………………………（3）
1.1.1 人工智能的诞生 ……………………………………………………………（3）
1.1.2 人工智能的定义 ……………………………………………………………（5）
1.2 人工智能的起源 ………………………………………………………………（7）
1.2.1 图灵与机器思维 ……………………………………………………………（7）
1.2.2 人工智能领域的图灵奖获得者 ……………………………………………（9）
1.3 人工智能的发展历程 …………………………………………………………（11）
1.3.1 人工智能发展的推理期 ……………………………………………………（11）
1.3.2 人工智能发展的知识期 ……………………………………………………（11）
1.3.3 人工智能发展的学习期 ……………………………………………………（13）
1.4 人工智能的研究方法 …………………………………………………………（15）
1.4.1 符号主义 ……………………………………………………………………（15）
1.4.2 连接主义 ……………………………………………………………………（16）
1.4.3 行为主义 ……………………………………………………………………（16）
1.5 人工智能的研究目标 …………………………………………………………（17）
1.5.1 弱人工智能 …………………………………………………………………（17）
1.5.2 强人工智能 …………………………………………………………………（17）

第2篇 应用篇

第2章 人工智能的应用 …… (21)
2.1 博弈 …… (21)
2.1.1 塞缪尔的跳棋程序 …… (21)
2.1.2 IBM的国际象棋程序 …… (22)
2.1.3 浪潮集团的中国象棋程序 …… (23)
2.1.4 谷歌的围棋程序 …… (23)
2.2 定理自动证明 …… (25)
2.2.1 四色定理的自动证明 …… (26)
2.2.2 《数学原理》中定理的自动证明 …… (26)
2.2.3 吴文俊教授与定理自动证明的“吴方法” …… (26)
2.3 自然语言处理 …… (29)
2.3.1 基于语法规则的自然语言处理 …… (29)
2.3.2 基于统计的自然语言处理 …… (31)
2.3.3 基于深度学习的自然语言处理 …… (31)
2.4 计算机视觉 …… (32)
2.4.1 计算机视觉的含义 …… (32)
2.4.2 基于深度学习的计算机视觉 …… (33)
2.5 语音识别 …… (34)
2.5.1 基于语音规则的识别系统 …… (35)
2.5.2 基于统计模型的识别系统 …… (35)
2.5.3 基于深度学习的识别系统 …… (36)
2.6 智能机器人 …… (36)
2.6.1 机器人的发展 …… (37)
2.6.2 机器人的分类 …… (38)
2.6.3 我国的机器人产业规划 …… (39)
2.7 自动驾驶汽车 …… (40)

2.7.1　自动驾驶汽车的发展 ………………………………………………（40）
2.7.2　自动驾驶汽车的分级 ………………………………………………（41）
第 3 章　智慧教育 ……………………………………………………………（43）
3.1　教育信息化 ……………………………………………………………（43）
3.1.1　教育信息化 1.0 …………………………………………………（43）
3.1.2　教育信息化 2.0 …………………………………………………（44）
3.2　教育智慧化 ……………………………………………………………（45）
3.2.1　智慧教育的内涵 …………………………………………………（45）
3.2.2　智慧教育的应用场景 ……………………………………………（47）
3.3　中小学人工智能教育 …………………………………………………（48）
3.3.1　中小学人工智能教育的必要性 …………………………………（48）
3.3.2　分学段实施分层次模块化教学 …………………………………（48）
3.3.3　重视价值引领和伦理教育 ………………………………………（50）
3.4　大学人工智能教育 ……………………………………………………（51）
3.4.1　北京大学的“通班” ……………………………………………（51）
3.4.2　清华大学的“智班” ……………………………………………（52）
3.4.3　南京大学的人工智能专业 ………………………………………（53）
3.4.4　人工智能通识教育 ………………………………………………（55）
3.4.5　“四新”建设与人工智能 ………………………………………（57）
3.5　人工智能给教育带来的机遇与挑战 …………………………………（59）
3.5.1　教师的机遇与挑战 ………………………………………………（60）
3.5.2　学生的机遇与挑战 ………………………………………………（62）
第 4 章　智慧医疗 ……………………………………………………………（65）
4.1　智慧医疗的应用 ………………………………………………………（65）
4.1.1　智慧医疗应用案例 ………………………………………………（65）
4.1.2　智慧医疗的含义 …………………………………………………（67）
4.2　推动智慧医疗的政策措施 ……………………………………………（67）
4.2.1　“健康中国 2030”规划纲要 ……………………………………（67）

4.2.2 新一代人工智能发展规划 …………………………………………（68）

4.2.3 关于促进“互联网+医疗健康”发展的意见 ……………………（68）

4.2.4 关于进一步完善预约诊疗制度加强智慧医院建设的通知 ……………………………………………………（69）

4.2.5 重庆市智慧医疗工作方案（2020—2022年） …………………（70）

4.3 智能导诊与辅助诊疗 ………………………………………………（71）

4.3.1 申康医联工程AI应用 ……………………………………………（71）

4.3.2 智医助理的推广应用 ……………………………………………（72）

4.4 医用机器人 ……………………………………………………………（73）

4.4.1 美国产达芬奇手术机器人 ………………………………………（74）

4.4.2 国产医用机器人 …………………………………………………（76）

4.5 智慧医疗的未来发展 ………………………………………………（79）

4.5.1 人工智能深度应用 ………………………………………………（79）

4.5.2 辅助诊疗系统与智能医疗设备研发 ……………………………（80）

4.5.3 医院的精细化、智能化管理 ……………………………………（81）

第5章 智慧司法 ……………………………………………………………（82）

5.1 计算机技术在司法领域的应用 ………………………………………（82）

5.2 智慧法院 ………………………………………………………………（84）

5.2.1 法院与法官的职责 ………………………………………………（84）

5.2.2 法院的信息化建设 ………………………………………………（85）

5.3 智慧法院典型案例 ……………………………………………………（89）

5.3.1 上海刑事案件智能辅助办案系统 ………………………………（89）

5.3.2 北京云法庭 ………………………………………………………（91）

5.3.3 沧州市中级人民法院无纸化办案 ………………………………（91）

5.3.4 杭州互联网法院 …………………………………………………（92）

5.4 人工智能律师 …………………………………………………………（93）

5.4.1 律师的职责 ………………………………………………………（93）

5.4.2 人工智能律师 ……………………………………………………（94）

5.4.3　人工智能律师的未来发展 …………………………………… (96)
5.5　与计算机发展应用相关的诉讼案例 ……………………………… (99)
5.5.1　第一台电子计算机的发明权之争 ………………………… (99)
5.5.2　微软公司的涉嫌垄断案 …………………………………… (101)
5.5.3　百度网盘涉嫌侵权案 ……………………………………… (102)
5.5.4　阿里巴巴中文网络域名纠纷案 …………………………… (103)
5.5.5　人脸识别纠纷案 …………………………………………… (104)
5.5.6　“大数据杀熟”案 …………………………………………… (106)

第3篇　方法篇

第6章　机器学习方法 ……………………………………………… (111)
6.1　什么是机器学习 ………………………………………………… (111)
6.1.1　学习的含义 ………………………………………………… (111)
6.1.2　机器学习的定义 …………………………………………… (111)
6.2　机器学习的发展 ………………………………………………… (113)
6.2.1　分类方法的发展 …………………………………………… (114)
6.2.2　聚类方法的发展 …………………………………………… (115)
6.3　分类方法 ………………………………………………………… (116)
6.3.1　分类的含义 ………………………………………………… (116)
6.3.2　懒惰的 k-近邻方法 ………………………………………… (118)
6.3.3　直观的决策树方法 ………………………………………… (122)
6.4　聚类方法 ………………………………………………………… (125)
6.4.1　聚类的含义 ………………………………………………… (125)
6.4.2　k-均值方法 ………………………………………………… (126)
6.4.3　k-中心点方法 ……………………………………………… (126)
6.5　弱监督学习方法 ………………………………………………… (128)
6.5.1　半监督学习方法 …………………………………………… (128)
6.5.2　迁移学习方法 ……………………………………………… (128)

6.5.3 强化学习方法 …… (129)
第7章 深度学习方法 …… (130)
7.1 神经网络的早期发展 …… (130)
7.1.1 麦卡洛克和皮茨与最早的神经网络 …… (131)
7.1.2 赫布与赫布学习规则 …… (132)
7.1.3 罗森布拉特与感知器 …… (133)
7.2 神经网络研究的复兴 …… (134)
7.2.1 霍普菲尔德和霍普菲尔德神经网络 …… (134)
7.2.2 沃博慈和鲁梅哈特与BP神经网络 …… (135)
7.3 深度神经网络 …… (136)
7.3.1 福岛邦彦和杨立昆与卷积神经网络 …… (137)
7.3.2 辛顿与深度学习方法 …… (139)
7.3.3 本吉奥与语言模型 …… (142)
7.3.4 深度学习与2018年度图灵奖 …… (142)
7.3.5 深度神经网络的发展 …… (143)

第4篇 未来篇

第8章 5G助力人工智能应用 …… (149)
8.1 移动通信技术的产生 …… (149)
8.2 移动通信技术的发展 …… (150)
8.2.1 第一代移动通信技术 …… (150)
8.2.2 第二代移动通信技术 …… (151)
8.2.3 第三代移动通信技术 …… (151)
8.2.4 第四代移动通信技术 …… (152)
8.3 第五代移动通信技术 …… (152)
8.3.1 5G的主要特点 …… (152)
8.3.2 5G的关键技术 …… (154)
8.4 5G+AI应用 …… (155)

8.4.1　5G应用总体目标 …………………………………………… (155)
8.4.2　新型信息消费升级行动 ………………………………………… (155)
8.4.3　行业融合应用深化行动 ………………………………………… (156)
8.4.4　社会民生服务普惠行动 ………………………………………… (158)
第9章　人工智能未来发展 ………………………………………… (159)
9.1　人工智能的重要作用 ………………………………………… (159)
9.2　部分国家人工智能发展战略 …………………………………… (161)
9.2.1　美国的人工智能发展战略 …………………………………… (161)
9.2.2　德国的人工智能发展战略 …………………………………… (161)
9.2.3　法国的人工智能发展战略 …………………………………… (162)
9.2.4　英国的人工智能发展战略 …………………………………… (162)
9.2.5　日本的人工智能发展战略 …………………………………… (163)
9.3　我国高度重视人工智能发展 …………………………………… (164)
9.3.1　颁布《新一代人工智能发展规划》 …………………………… (164)
9.3.2　设立国家新一代人工智能创新发展试验区 ………………… (165)
9.3.3　建设国家新一代人工智能开放创新平台 …………………… (168)
9.4　人工智能发展带来的挑战 …………………………………… (170)
9.4.1　重视人工智能发展给就业结构带来的影响 ………………… (170)
9.4.2　重视人工智能发展给法律与社会伦理带来的影响 ………… (171)
9.4.3　重视人工智能发展给个人隐私保护带来的影响 …………… (171)
9.5　人工智能伦理 ………………………………………………… (172)
9.5.1　联合国教科文组织通过《人工智能伦理建议书》 ………… (172)
9.5.2　欧盟发布《人工智能伦理准则》 …………………………… (173)
9.5.3　我国发布《新一代人工智能治理原则》 …………………… (173)
9.6　人工智能的发展展望 ………………………………………… (174)

第5篇　基础篇

第10章　高性能计算机 ………………………………………… (181)

10.1 计算机技术的发展 …………………………………………………… (181)
10.1.1 早期的计算工具 …………………………………………………… (181)
10.1.2 机械计算机 …………………………………………………… (183)
10.1.3 机电计算机 …………………………………………………… (187)
10.1.4 电子计算机 …………………………………………………… (188)
10.2 计算机的硬件组成 …………………………………………………… (192)
10.2.1 中央处理器 …………………………………………………… (192)
10.2.2 存储器 …………………………………………………… (193)
10.3 计算机的分类 …………………………………………………… (196)
10.3.1 超级计算机 …………………………………………………… (196)
10.3.2 大型计算机 …………………………………………………… (198)
10.3.3 服务器 …………………………………………………… (198)
10.3.4 微型计算机 …………………………………………………… (198)
10.3.5 嵌入式计算机 …………………………………………………… (199)
第 11 章 互联网与大数据 …………………………………………………… (201)
11.1 计算机网络 …………………………………………………… (201)
11.1.1 计算机网络的定义 …………………………………………………… (201)
11.1.2 计算机网络的拓扑结构 …………………………………………………… (202)
11.1.3 网络通信协议 …………………………………………………… (204)
11.1.4 网络带宽 …………………………………………………… (204)
11.2 组网技术 …………………………………………………… (205)
11.2.1 组网设备 …………………………………………………… (205)
11.2.2 有线网络 …………………………………………………… (206)
11.2.3 无线网络 …………………………………………………… (207)
11.3 互联网技术 …………………………………………………… (209)
11.3.1 互联网的起源 …………………………………………………… (209)
11.3.2 接入互联网 …………………………………………………… (210)
11.3.3 互联网协议和 IP 地址 …………………………………………………… (212)

11.4 互联网的新发展 …… (215)
11.4.1 云计算 …… (215)
11.4.2 物联网 …… (215)
11.5 互联网与大数据采集 …… (216)
11.5.1 ImageNet 数据集 …… (216)
11.5.2 农夫山泉用海量照片提升销量 …… (217)
第 12 章　算法 …… (218)
12.1 软件与程序 …… (218)
12.1.1 软件与程序的定义 …… (218)
12.1.2 软件的作用 …… (219)
12.1.3 软件工程与软件质量 …… (221)
12.1.4 计算机软件的分类 …… (222)
12.2 程序设计语言 …… (223)
12.2.1 机器语言 …… (223)
12.2.2 汇编语言 …… (224)
12.2.3 早期高级语言 …… (224)
12.2.4 结构化程序设计语言 …… (226)
12.2.5 面向对象程序设计语言 …… (227)
12.2.6 人工智能程序设计语言 …… (229)
12.3 算法设计 …… (231)
12.3.1 算法的定义 …… (231)
12.3.2 算法的评价标准 …… (232)
12.3.3 人工智能算法的特点 …… (234)

参考文献 …… (236)

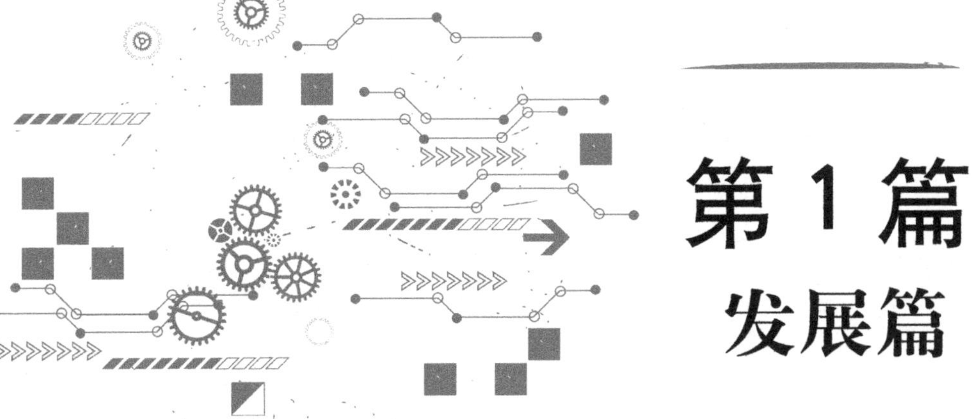

第 1 篇 发展篇

自从在 1956 年召开的达特茅斯机器智能研讨会上正式提出“人工智能”（Artificial Intelligence，AI）术语以来，在人工智能 60 多年的发展历程中，经历了 3 个快速发展时期和两次低谷，其影响范围逐渐由人工智能专业人员到应用领域专业人员，再到全社会。目前，人工智能得到政府、高校、科研机构、企事业单位、风险投资商与社会大众的广泛关注。

研究人员把 3 个快速发展时期分别称为推理期、知识期和学习期。从 1956 年开始的大约 20 年为人工智能研究的推理期，在这一时期，主要是通过赋予计算机推理能力，使其具有智能，定理的自动证明是这一时期的代表性成果。

20 世纪 80 年代称为人工智能研究的知识期，把知识应用于人工智能系统，开发了一大批应用于多个领域的基于知识的专家系统，使用者多为相关领域专业人员和人工智能专业人员。

学习期开始于 21 世纪初，一直到现在仍在持续快速发展。这一时期，在高性能计算机、大数据的支持下，深度学习研究取得重大突破，并广泛应用于图像识别、语音识别、机器人客服、机器翻译、自动驾驶汽车等领域，一大批实用人工智能系统走进社会大众的日常工作与生活中。

当然，人工智能的发展与应用还是初步的，无论是理论研究、技术开发，还是应用拓展，都还有大量的工作要做，或许把推理、知识和学习结合起来，人工智能会有更大的发展，因为人类的智能和推理、知识、学习都密切相关。

第 1 章　人工智能的由来与发展

1956 年人工智能术语被正式提出。经过 60 多年的演进，特别是在移动互联网、大数据、超级计算、传感网、脑科学等新理论、新技术和经济社会发展强烈需求的共同驱动下，人工智能加速发展，呈现出深度学习、跨界融合、人机协同、群智开放、自主操控等新特征。近几年，人工智能在教育、医疗、司法服务、新闻、养老、机械制造、建筑工程、金融、管理、环境保护、城市运行等诸多领域得到广泛应用。人工智能深刻改变着人类的生产生活方式和思维模式，深刻影响着人类的经济社会发展。

1.1　人工智能概述

1.1.1　人工智能的诞生

1956 年夏季，时任达特茅斯学院数学系助理教授的约翰·麦卡锡（John McCarthy，1927—2011）和时任哈佛大学助理研究员的马文·明斯基（Marvin Lee Minsky，1927—2016）在位于美国新罕布什尔州汉诺威镇的达特茅斯学院组织了一个关于机器智能的小型研讨会。会上第一次正式使用了“人工智能”（Artificial Intelligence，AI）这一术语，标志着人工智能学科的诞生。经过 60 多年的演进，特别是近几年在移动互联网、大数据、超级计算、传感网、脑科学等新理论、新技术和经济社会发展强烈需求的共同驱动下，人工智能快速发展并催生了一批实用化的人工智能系统和产品。例如，刷脸支付、自动检票、机器翻译、自动驾驶汽车、无人超市、快件的自动分拣、智能客服、聊天机器人、智能导航、手术机器人等，给人们的日常工作与生活带来了很大的方便。

1956年达特茅斯会议的组织者除了达特茅斯学院的麦卡锡和哈佛大学的明斯基之外，还有贝尔实验室数学研究员克劳德·香农（Claude Elwood Shannon，1916—2001）和IBM公司信息研究中心负责人纳撒尼尔·罗切斯特（Nathaniel Rochester，1919—2001）。参加研讨会的还有卡内基梅隆大学的赫伯特·西蒙（Herbert A. Simon，1916—2001）和艾伦·纽厄尔（Allen Newell，1927—1992）、IBM公司的阿瑟·塞缪尔（Arthur Samuel，1901—1990）、麻省理工学院的奥利弗·塞尔夫里奇（Oliver Gordon Selfridge，1926—2008）和雷·所罗门诺夫（Ray Solomonoff，1926—2009）、普林斯顿大学的特伦查德·莫尔（Trenchard More）等人。

在之后的数十年中，由于在人工智能领域的重要贡献，达特茅斯会议的参会人员中有多人获得计算机领域的最高奖励。明斯基获得1969年度的图灵奖，麦卡锡获得1971年度的图灵奖，西蒙和纽厄尔共同获得1975年度的图灵奖，西蒙还因在决策论研究领域的重要贡献获得1978年度诺贝尔经济学奖。作为IBM公司最早的电子计算机IBM 701、IBM 702的设计者，罗切斯特获得1984年度IEEE-CS计算机先驱奖。开发出世界上第一个下棋程序的塞缪尔获得1987年度IEEE-CS计算机先驱奖。

作为信息论的创始人，香农在这些参会人员中名气最大（这也是他被邀请参会的原因之一），当时就已经是功成名就的著名科学家。和香农比起来，麦卡锡和明斯基那时还只能算是青年学者（两人都只有29岁）。由于香农在信息论上的重要贡献，国际电气与电子工程师学会（IEEE）于1972年设立了通信领域的最高奖——香农奖（Shannon Award），香农本人获得了第一届香农奖。1948至1949年间，香农发表了论文《通信的数学理论》（*A Mathematical Theory of Communication*）和《噪声下的通信》（*Communication in the Presence of Noise*）。在这两篇著名论文中，香农阐明了通信的基本问题，给出了通信系统的模型，提出了信息熵的概念并给出了计算公式，解决了信道容量、信源统计特性、信源编码、信道编码等一系列基本技术问题，奠定了信息论和数字通信的基础。我们今天享受到的高质量的数字通信应用，就得益于信息论的创立与不断发展应用。

当前的人工智能已不仅仅是一个学术界的热门研究领域，还是一个频繁出现在网络、电视、广播、报纸等各种媒体上的热门词汇（“人工智能”自2017年成为热门词汇以来其热度一直持续不减），得到政府、高校、科研机构、企事业单位、风险投资商与社会大众的广泛关注。

那么，什么是人工智能呢?

人工智能是相对于人的智能来说的，人的智能也称为生物智能，而且是最高级的生物智能。简单来说，人从出生就具备一定的智能，并伴随环境交互、实践、学习、思考等行为逐步提升。但要详细解释人的智能是如何产生和发展的，还有许多环节无法解释清楚。例如，婴儿出生时的智能有多大差别；坐在同一个教室学习的学生，考试成绩为什么会有高低之分甚至差距较大；为什么有人从事学术研究能写出一流的论文，但日常生活能力却一般；为什么有人擅长宣传演讲，有人擅长动手操作。关于人的智能，还有很多未知领域需要深入研究探索。所以，智能的产生与物质的本质、宇宙的起源、生命的本质一起被列为自然界的四大奥秘。

1.1.2 人工智能的定义

人工智能，顾名思义就是以人工方式生成的智能，通过计算机软硬件形成的智能，即在合适的计算机硬件的支持下，通过计算机程序实现的智能。人工智能有多种定义，我们介绍3个比较有代表性的定义。

第一个是达特茅斯会议组织者之一的明斯基给出的定义：人工智能是一门科学，它能使机器做那些人需要通过智能来做的事情。这个定义简单明了，主要是强调如果机器能做人需要智能才能做的事情，那么就可以认为机器具有了智能。火车站的人脸识别检票闸机、司法审判智能辅助系统、物流系统的快件自动分拣机器人、在线机器翻译网站、手机上的智能导航 APP（应用程序）等都属于人工智能应用。

第二个是尼尔森给出的定义：人工智能是关于知识的科学——怎样表示

知识以及怎样获取知识并使用知识的科学。尼尔斯·尼尔森（Nils John Nilsson，1933—2019）曾任美国斯坦福大学人工智能研究中心教授，是人工智能学科的创始研究人员之一，在知识表示、机器人技术等领域有重要贡献。尼尔森的定义强调的是知识对于智能的作用，知识是智能的重要基础。这个认知不难理解。比如，对于我们每个人来说，大学时期要比小学一年级时智能明显高很多，这里或许有多种因素在起作用，但其中一个重要因素就是所掌握知识的不同。大学时期相对于小学一年级，显然具有更丰富的知识。当然，这里所说的知识是很广泛的，有通过读书学到的知识，有从老师或同学的讲解、介绍中学到的知识，有通过父母的言传身教获得的知识，还有自己通过各种实践获得的知识。这其中有专业知识，有通识知识，也有常识性知识。掌握的知识多了，一般来说智能水平就会有所提高。这里所讲的对知识的掌握是指深入思考后的理解与举一反三的灵活应用，不是死记硬背式的掌握，死记硬背的知识对提升智能的促进作用不大。创新是人类智能的重要体现，死记硬背是无助于培养创新意识和创新能力的。

第三个是由中国电子技术标准化研究院编写的《人工智能标准化白皮书（2018）》给出的定义：人工智能是利用数字计算机或者数字计算机控制的机器模拟、延伸和扩展人的智能，感知环境、获取知识并使用知识获得最佳结果的理论、方法、技术及应用系统。这个定义强调人工智能是对人的智能的模拟、延伸和扩展，可称为类脑智能或类人智能。

人们对于人的大脑如何获取知识是有一定了解的，看书、听讲、与人交流、实践实验等都是获取知识的重要途径，但人们对于人的大脑如何表示知识以及如何使用知识还了解得不多。随着人工智能研究的不断深入，脑科学研究近几年也热了起来，脑科学研究的突破有助于人工智能研究的进一步发展。人工智能很大程度上是对人脑智能的模拟、延伸和扩展，只有把人脑的工作机理逐步研究清楚了，才能推动人工智能有更深入的研究与发展。

脑科学研究成果对人工智能的重要方法之一的卷积神经网络的提出及不断完善发展发挥了重要作用。1958 年，同为神经生物学家的大卫·休伯尔（David H. Hubel，1926—2013）和托斯坦·威泽尔（Torsten N. Wiesel，

1924—）通过对猫的初级视皮层的探究，首次发现了大脑的视觉工作机理，并因此获得1981年度诺贝尔生理学或医学奖。1980年，日本科学家福岛邦彦受休伯尔、威泽尔研究成果的启发，提出了神经认知机模型。1998年，杨立昆（Yann LeCun，1960—）在神经认知机的基础上提出了经典的卷积神经网络LeNet-5，使人工智能研究取得重大突破。

1.2　人工智能的起源

1.2.1　图灵与机器思维

虽然人工智能一词1956年才正式使用，但关于机器智能的研究要早得多。由于人工智能是在机器上实现的智能，所以也称为机器智能。阿伦·图灵（Alan M. Turing，1912—1954）早在1950年就在《心智》（*Mind*）杂志上发表了题为《计算机器与智能》（*Computing Machinery and Intelligence*）的论文。在论文中，图灵提出了“机器能思维吗?”这样一个问题，并设计了一种测试机器是否有智能的“模仿游戏”，人们称之为“图灵测试”（Turing Test）。图灵认为，如果一台机器在与人对话时，不被人识别出它是机器，它就具有了人的智能。图灵预言，到2000年，计算机能够通过这种测试。换言之，到2000年时，人们就能够研制出具有智能的计算机。

1952年，图灵进一步提出了图灵测试的方法，就是让测试者（人）与被测试者（一个人和一台机器）隔开，通过一些装置（如键盘）向被测试者随意提问。进行多次测试后，如果有超过30％的测试者不能正确识别出被测试者是人还是机器，那么这台机器就通过了测试，并被认为其具有智能。

这个测试看起来简单，但通过测试并不容易。几十年来，人们一直在努力通过这个测试。1990年，英国剑桥大学为了推动早日通过图灵测试，设立了奖金总额为10万美元（现折合约63万元人民币）的图灵测试比赛，每年举办一次。2014年的图灵测试比赛中，共有5个聊天机器人参与，其中一个由俄罗斯团队研发的名为Eugene Goostman的机器人，有史以来第一次通过了图灵测试。该机器人在测试问答中，让测试者误认为它是“一个 13 岁的乌克兰男孩”的百分比达到了 33%。

图灵测试只是从功能的角度来判定机器是否具有智能。在图灵看来，不要求机器与人脑在内部构造上一样，只要与人脑有相同的功能就可以认定机器具有智能。

图灵 1912 年 6 月 23 日出生于伦敦，上中学时数学特别优秀。1931 年中学毕业以后，图灵进入剑桥大学的国王学院（King's College）攻读数学专业，研究量子力学、概率论和逻辑学。1936 年，图灵就概率论研究所发表的论文获得史密斯奖（Smith Prize）。

1935 年，图灵开始对研究数理逻辑产生兴趣。数理逻辑也称为形式逻辑或符号逻辑，是逻辑学的一个重要分支。数理逻辑是用数学方法，也就是用符号和公式、公理研究人的思维过程与思维规律，其起源可追溯到 17 世纪德国的大数学家莱布尼茨（Gottfried W. Leibniz，1646—1716）的时代，其目的是建立一种精确的、普遍的符号语言，并寻求一种推理演算方法，以便用演算解决人如何推理的问题。在莱布尼茨的思想中，数理逻辑、数学和计算机三者均出于一个统一的目的，即实现人类思维过程的演算化、计算机化。但莱布尼茨的这些思想和概念还比较模糊，不太清晰和明朗。两个多世纪以来，许多数学家和逻辑学家沿着莱布尼茨的思路进行了大量实质性的工作，使数理逻辑逐步完善和发展起来，许多概念也开始明朗起来。但是，“计算机”到底是怎样一种机器，应该由哪些部分组成，如何进行计算和工作，在图灵之前没有人清楚地说明过。正是图灵 1936 年发表的《论可计算数及其在判定问题中的应用》（*On Computable Numbers, with an Application to the Entscheidungs Problem*）一文第一次回答了这些问题，并提出了一种理想的计算机器的抽象模型，后人称作“图灵机”（Turing Machine）。图灵机的提出奠定了现代计算机的理论基础，也奠定了图灵在计算机发展史上的重要地位。

第二次世界大战的爆发，打乱了图灵的研究计划。像许多同时代的科学家一样，图灵进入英国外交部下属的一个绝密机构中工作，主要任务是为军方破译密码。图灵的工作非常出色，曾研制出一台破译密码的机器，破译了德军的很多密码，为战胜德国法西斯做出了贡献。为此，1945 年图灵退役时被授予国家级勋章。战争结束后，图灵到英国国家物理实验室（NPL）进行电子计算机研制工作。

图灵的另一个重大贡献是前面已介绍过的于 1950 年发表的《计算机器与智能》论文，该论文开启了现代机器智能问题的研究。

图灵对计算机科学理论与实践发展做出了奠基性贡献，1951 年他当选为英国皇家学会院士。2001 年 6 月 23 日，人们为纪念这位计算机科学理论的重要奠基人，在英国曼彻斯特的 Sackville 公园竖立了一尊和图灵真人一样大小的青铜坐像（铜像是在我国铸造的）。2019 年英国央行宣布，图灵的头像将印在英国面值 50 英镑的纸质钞票背面，新版钞票在 2021 年 6 月 23 日正式发行（6 月 23 日是图灵的诞辰纪念日）。

50 英镑纸钞是英国目前最大面值的纸钞，其正面印有英国女王头像。图灵是作为著名数学家、计算机科学和人工智能之父被印上纸钞的。在此之前，50 英镑纸钞背面印的是詹姆斯·瓦特和马修·博尔顿的头像。詹姆斯·瓦特（James Watt，1736—1819）是英国著名的发明家、企业家，对蒸汽机的制造和改进做出了重大贡献。马修·博尔顿（Matthew Boulton，1728—1809）是英国制造商和工程师。瓦特和博尔顿合作开发和销售蒸汽机，是第一次工业革命的重要推手。

1.2.2 人工智能领域的图灵奖获得者

1966 年是世界上第一台通用电子计算机“埃尼阿克”（ENIAC）诞生 20 周年，美国计算机学会（ACM）在这一年设立了 ACM 图灵奖，专门奖励那些在计算机科学领域的学术研究中做出创造性贡献，对推动计算机科学技术发展具有持久作用的杰出科学家。图灵奖一般每年只奖励一名计算机科学家，只有少数年度有两人或三人共享此奖（在同一研究方向有重大贡献）。图灵奖是目前计算机界最高的荣誉，有“计算机领域的诺贝尔奖”（Nobel Prize in Computing）之称。图灵奖开始设立时的奖金为每年 2 万美元，后逐渐增加到目前的每年 100 万美元，由谷歌公司资助。

自 1966 年至 2020 年的 55 届图灵奖中，共计 74 名科学家获此殊荣。在这 74 名获奖者中，因在人工智能领域做出突出贡献而获奖的计算机科学家共有 10 位。

1969 年，人工智能之父和框架理论的创立者马文·明斯基获奖。1956 年他和约翰·麦卡锡等人发起召开了关于用机器模拟人类智能的达特茅斯会议。明斯基提出的框架理论用于知识表示，在人工智能领域具有重要影响。

1971 年，人工智能概念的创立者和 LISP 语言的发明人约翰·麦卡锡获奖。1956 年他和明斯基等人发起召开了关于用机器模拟人类智能的达特茅斯会议，会上麦卡锡首次提出了人工智能概念。麦卡锡还发明了在人工智能领域得到广泛应用的 LISP 语言。

1975 年，人工智能符号主义学派的创始人赫伯特·西蒙和艾伦·纽厄尔共同获奖。西蒙是纽厄尔的老师，两人合作研究长达 42 年。两人与他人合作成功开发了世界上最早的启发式程序“逻辑理论家”，用该程序及其改进版本证明了《数学原理》第二章的全部 52 个定理。

1994 年，设计和构建大型人工智能系统的先驱爱德华·费根鲍姆（Edward A. Feigenbaum，1936—）和劳伊·瑞迪（Raj Reddy，1937—）共同获奖。两人分别开发的大型人工智能系统，展示了人工智能技术重要的实用价值和潜在的商业影响，极大地推动了人工智能理论和实践的发展。

2011 年，通过概率论和因果推理在人工智能领域做出根本性贡献的朱迪亚·珀尔（Judea Pearl，1936—）获奖。珀尔是最早将贝叶斯网络和概率方法引入人工智能的先锋之一，也是在经验科学中数学化因果模型的先锋。他的研究为语音识别和自动驾驶技术奠定了基础。

2018 年，“深度学习三巨头”约书亚·本吉奥（Yoshua Bengio，1964—）、杰弗里·辛顿（Geoffrey Hinton，1947—）和杨立昆（Yann LeCun，1960—）共同获奖。3 位科学家在概念和工程方面的突破性工作使深度神经网络成为计算的一个关键组成部分。近年来，人工智能技术在计算机视觉、语音识别、自然语言处理和机器人等领域得到广泛应用得益于 3 位人工智能科学家的基础性工作。

1.3 人工智能的发展历程

学术界把1956年达特茅斯会议看作是人工智能研究的正式开始，到目前已有60多年的历史。在60多年的发展历程中，人工智能经历了2个低谷和3个快速发展时期。

1.3.1 人工智能发展的推理期

1956年达特茅斯会议之后，掀起了第一个人工智能发展热潮，人工智能经历了一段长达10多年的快速发展时期，这一时期人工智能研究处于“推理期”。人们认为只要能赋予计算机逻辑推理能力，计算机就具有智能。在达特茅斯研讨会上，西蒙和纽厄尔展示了他们合作开发的能进行定理自动证明的“逻辑理论家”程序。1958年，美籍华人数理逻辑学家王浩在IBM 704计算机上证明了《数学原理》一书中的一阶逻辑及命题逻辑定理。1965年鲁滨逊提出了归结原理，推动了定理自动证明的突破性进展。除此之外，这一时期人工智能在机器翻译、下棋程序、人机对话等方面也有不错的进展，让很多研究者对人工智能发展充满信心，甚至在当时有很多学者认为，“20年内，机器将能完成人能做到的一切”。很显然，这种看法过于乐观了。

随着研究的深入，人们逐渐认识到，实现人工智能仅靠逻辑推理能力是远远不够的。到20世纪70年代中期，人工智能进入第一个发展低谷期。当时，人工智能面临的技术瓶颈主要来自两个方面：一是计算机性能的不足（计算速度不够快、存储容量不够大），导致很多程序无法在人工智能领域得到应用；二是数学模型不足以应对实际问题的复杂性，初期的人工智能程序主要是解决复杂性较低的特定问题（俗称“玩具”问题），一旦实际问题的复杂度增加，原有程序性能就急剧下降。

1.3.2 人工智能发展的知识期

到20世纪80年代初，人工智能的发展出现转机，迎来第二次发展热潮，人工智能进入称为“知识期”的快速发展阶段，把知识应用于人工智能系统的开发，基于知识的专家系统得到较大发展，并出现了一大批应用于各领域的专家系统。

专家系统（Expert System）是一种智能的计算机程序，它运用知识和推理来解决只有人类专家才能解决的复杂问题。1965 年，爱德华・费根鲍姆（Edward Albert Feigenbaum，1936—）与乔舒亚・莱德伯格（Joshua Lederberg，1925—2008）、翟若适（Carl Djerassi，1923—2015）等人合作开发出世界上第一个专家系统 DENDRAL，该专家系统输入的是质谱仪的数据，输出的是给定物质的化学结构。费根鲍姆的专长是机器学习，他是 1994 年度图灵奖获得者。莱德伯格是遗传学家，33 岁时获得 1958 年度诺贝尔生理学或医学奖。翟若适是化学家，曾获得美国国家科学奖和国家技术与创新奖。将化学分析知识提炼成规则应用于专家系统，DENDRAL 的结果有时比翟若适的学生做的都准。

20 世纪 70 年代初，布鲁斯・布坎南（Bruce G. Buchanan）和他的学生爱德华・肖特莱福（Edward Shortliffe，1947—）开发出专家系统 MYCIN，MYCIN 是一种帮助医生对住院的血液感染患者进行诊断和选用抗生素类药物进行治疗的专家系统。MYCIN 的准确率达到 69%，当时专科医生的准确率是 80%。MYCIN 首创了作为专家系统要素的产生式规则：不精确推理。

1980 年，卡内基梅隆大学为数字设备公司（DEC）设计了一套名为 XCON 的专家系统。这个系统有 1000 多条人工整理的规则（后来规则扩展到了 3000 多条），可以简单地理解为“知识库＋推理机”的组合，其功能是为客户订购 DEC 的 VAX 系列计算机时自动配置零部件，有文献说该系统的应用每年能为公司节省约 4000 万美元。也就是在这一时期，日本、美国等国家投入巨资开发基于“知识库＋推理机”的智能计算机（也称为第五代计算机）。

1990 年底，我国科学家在总结我国著名中医专家关幼波先生的学术思想和临床诊断经验的基础上研发出“关幼波治疗胃脘痛专家系统”，经临床观察，取得了符合率及有效率分别为 93%和 84%的满意效果。

由于知识获取、知识表示以及基于知识的推理机制等问题没有得到有效解决，即以人工方式把知识（规则）总结出来存入计算机并教给计算机使用是困难的，专家系统在取得了一些初步成效后，性能无法进一步提升。到20世纪80年代末，人工智能再次进入发展的低谷，智能计算机（第五代计算机）的研制也没有达到预期目标，现在使用的计算机仍然属于第四代计算机。

1.3.3　人工智能发展的学习期

人工智能的第三个快速发展阶段开始于21世纪初，这一阶段被称为人工智能发展的“学习期”。这一时期深度学习模型（多层神经网络）得到快速发展并在多个领域得到应用。

1998年，杨立昆提出经典的卷积神经网络LeNet-5，其应用于银行支票、邮政信件的手写数字识别，取得了良好的应用效果。

2006年，杰弗里·辛顿与合作者发表了论文《一种深度置信网络的快速学习算法》(*A Fast Learning Algorithm for Deep Belief Nets*)，解决了多层神经网络的训练难题，标志着深度学习方法的实用化取得重大突破。

2011年，IBM利用深度自然语言处理技术开发的人工智能系统“沃森”(Watson)参加了美国电视智力节目《危险边缘》并战胜了两位人类冠军。“沃森”存储了海量的数据，而且拥有一套逻辑推理程序，可以推理出它认为最正确的答案。目前这一人工智能技术已被IBM广泛应用于医疗诊断领域。

“沃森”(Watson)取自IBM公司创始人托马斯·沃森(Thomas J. Watson，1874—1956)的名字，沃森1924年创立IBM公司并带领公司发展为计算机制造领域的国际领先企业。目前IBM公司专注于服务器、大型机和巨型机市场以及云计算、人工智能、物联网、大数据分析和安全领域的服务与解决方案提供，2020年营业收入736亿美元，净利润56亿美元。

2012年，辛顿教授和他的两位学生设计了深度卷积神经网络模型AlexNet，并组成多伦多大学队参加了2012年ImageNet挑战赛，一举夺得大赛冠军，使深度学习名声大振。到2013年的ImageNet挑战赛，成绩前几名的代表队都是用的深度学习模型。

还是在2012年，研究人员使用一个拥有1.6万个CPU的大规模计算机集群初步建成具有 10 亿个连接参数的谷歌大脑计算平台，该平台基于深度学习模型自己“看”了约 1000 万段 YouTube 上的视频后，学会了如何从视频中辨认出一只猫。

2016 年，由谷歌旗下 DeepMind 公司基于深度学习和强化学习开发的围棋程序“阿尔法狗”（AlphaGo）以 4∶1 的成绩战胜世界围棋冠军李世石，产生了很大的社会影响。2017 年，AlphaGo 的改进版 AlphaGo Master 以 3∶0 击败当时排名世界第一的世界围棋冠军柯洁。AlphaGo 与 AlphaGo Master 具有自我学习能力，它能够搜集大量围棋对弈数据和名人棋谱，学习并模仿人类下棋。同年，新一代围棋程序 AlphaGo Zero 在无任何数据输入的情况下，在自学围棋 40 天后击败了 AlphaGo Master。AlphaGo 与 AlphaGo Zero 的区别在于，AlphaGo 以数百万人类围棋专家的棋谱为训练集来学习提高下棋水平，AlphaGo Zero 没有用到任何人类棋谱，在自我博弈的过程中通过自学的方式提高下棋水平。

2018 年 6 月 21 日，腾讯公司发布了国内首个 AI 辅诊开放平台，辅助医生提升对常见疾病的诊断准确率和效率，并为医生提供智能问诊、参考诊断、治疗方案参考等辅助决策服务。

2018 年 9 月 19 日，杭州“城市大脑”2.0 正式发布。杭州“城市大脑”覆盖杭州主城区、余杭区、萧山区共计 420 平方千米。“城市大脑”相当于智慧城市系统，能将散布在城市各个角落的数据连接起来，并通过对大量数据的分析和整合，对城市进行全域的调配。基于“城市大脑”，在中国最拥堵的城市排行榜上，杭州从 2016 年的第 5 名下降到 2018 年第二季度的第 57 名，城市交通拥堵状况明显缓解。基于“城市大脑”的调度，一辆救护车会一路绿灯快速到达目的地。

在 2018 年 11 月 7 日的第五届世界互联网大会上，新华社联合搜狗发布了全球首个“AI 合成主播”。在大会现场，“AI 合成主播”顺利完成了 100 秒的新闻播报，屏幕上播音员的样貌、回荡在现场的声音和一气呵成的手势动作，都与真人主播极为相像。

2019 年 1 月 28 日，在中央电视台的网络春节晚会上，模仿主持人撒贝宁的AI虚拟主持人与真人撒贝宁同台主持网络春晚。不管是外形、声音、眼神，还是脸部动作、嘴唇动作，首次上岗的AI虚拟主持人与真人撒贝宁都高度相似。

2021年11月24日—26日，在广州举行的2021中国网络媒体论坛上，中央广播电视总台的AI手语主播正式亮相。开发团队采集了百万量级符合国家标准的手语平行语料数据，以及超8500条影视级国家通用手语词典的动作数据，并采集了冬奥会相关的新闻语料数据及手语动作，再结合语音识别、自然语言处理AI算法，打造出手语动作流畅、符合听障表达习惯、翻译精准度达到95%以上的AI手语主播，AI手语主播也应用于2022北京冬奥会的开幕式、闭幕式。

近几年，人工智能热潮持续高涨，谷歌、Meta Platforms（Facebook）、亚马逊、微软、百度、阿里巴巴、腾讯、科大讯飞、华为等企业纷纷加入人工智能产品的开发行列，力图在人工智能技术与产品的竞争中占据有利位置。人工智能这一轮发展热潮的最大特点是，以深度学习为代表的很多技术进入实用领域，在机器翻译、语音识别、图像识别、自动驾驶汽车、聊天机器人等领域都有实用产品出现。

1.4　人工智能的研究方法

在几十年的人工智能研究中，研究人员对于如何实现人工智能也有一些不同的认识和实现方法，出现了人工智能的3个学派，分别是符号主义、连接主义和行为主义。

1.4.1　符号主义

符号主义（Symbolism）认为人的认知基元是符号，而且认知过程即符号操作过程。它认为人是一个物理符号系统，计算机也是一个物理符号系统，因此，能够用计算机来模拟人的智能行为，即用计算机的符号操作来模拟人的认知过程。也就是说，人的思维是可操作的。符号主义还认为，知识是信息的一种形式，是构成智能的基础。人工智能的核心问题是知识表示、知识推理和知识运用。西蒙和纽厄尔是符号主义学派的代表人物，两人在1956年发布的“逻辑理论家”程序及其改进版证明了《数学原理》书中第二章的全部52个定理。符号主义在定理的自动证明领域有重要影响。符号主义强调的是计算机与人在功能上的相同。

1.4.2 连接主义

连接主义（Connectionism）认为人的思维基元是神经元，而不是符号处理过程。连接主义对物理符号系统假设持反对意见，认为人脑不同于计算机，并提出连接主义的大脑工作模式，用于取代符号操作的计算机工作模式。连接主义主张人工智能应着重于结构模拟，即模拟人的生物神经网络结构，并认为功能、结构和智能行为是密切相关的，不同的结构表现出不同的功能和行为。该学派提出了多种人工神经网络结构（包括多种深度神经网络）。连接主义强调的是计算机与人脑在结构上的相似或相同。

1.4.3 行为主义

行为主义（Actionism）认为智能取决于感知和行动，提出智能行为的“感知—动作”模式。行为主义者认为智能不需要知识，不需要表示，不需要推理。智能行为只能在现实世界中与周围环境交互作用而表现出来。行为主义学派的代表人物是罗德尼·布鲁克斯（Rodney Brooks，1954—）。在布鲁克斯看来，机器人只需要两个步骤就可以实现，即感知和行动，并据此设计了六足行走机器人，机器人感知环境并做出适当的反应。行为主义强调的是对环境的感知和反应。

几十年发展过来，3个学派都有很大的理论和技术进步，但单独的每一个学派都有其局限性，多种技术的融合能够更好地实现人工智能。机器智能（人工智能）是模拟人的智能，而人的智能和知识推理（符号主义）、生物神经网络（连接主义）、环境交互（行为主义）都密切相关。围棋程序AlphaGo就是融合了3个学派的技术：连接主义的深度学习、符号主义的蒙特卡洛树搜索和行为主义的强化学习，这种融合大大提高了围棋程序的智能化程度。

1.5 人工智能的研究目标

人工智能的研究目标就是用人工的方法在计算机上实现人所具有的感知、学习、理解、联想、推理、判断等智能，让计算机帮助人完成一些智能性工作。通俗一点说，人工智能的研究目标就是让计算机像人一样，能听懂他人在说什么，能看清周围环境中都有什么，能学习新知识、新技术，能理解一篇论文的主要内容，能基于现有知识进行联想和创新，能进行定理的证明，能针对周围环境及遇到的突发情况做出合理判断与反应等，把人的一些智力工作交给计算机去完成，进一步减轻人的工作生活负担，提高工作效率和生活体验感。

1.5.1 弱人工智能

针对不同的研究目标，人工智能可以分为弱人工智能和强人工智能。弱人工智能（Weak AI）也称为限制领域人工智能或应用型人工智能，指专注于且只能解决特定领域问题的人工智能。

截至目前，所有的人工智能应用都属于弱人工智能的范畴。“深蓝”计算机只会下国际象棋，AlphaGo只会下围棋，机器翻译程序只会完成不同语言间的翻译工作，无人驾驶系统只会实现机动车辆的自动驾驶，疾病诊断专家系统只会诊断某类疾病，人脸识别系统只能完成刷脸支付、刷脸门禁、自动检票等特定领域的工作，等等。

1.5.2 强人工智能

强人工智能（Strong AI）又称为通用人工智能或完全人工智能，指可以胜任人类所有工作的人工智能。

目前的人工智能系统可能在某个（领域的）功能上做得非常好，但不能同时具备多方面的功能。例如，一位心内科医生，既会开车上下班，也会上班时作为医学专家为病人诊断心血管疾病并给出治疗方案，还会在业余时间把英文论文翻译为中文、下下围棋、打打篮球、陪孩子玩耍、炒菜做饭等。

类似这样多方面功能的人工智能系统还没有。也就是说，虽然近几年出现了一大批实用化的人工智能系统或产品，但它们只是在某些方面实现了接近或超越人的性能，距离达到一个普通人的综合智能还差很远。

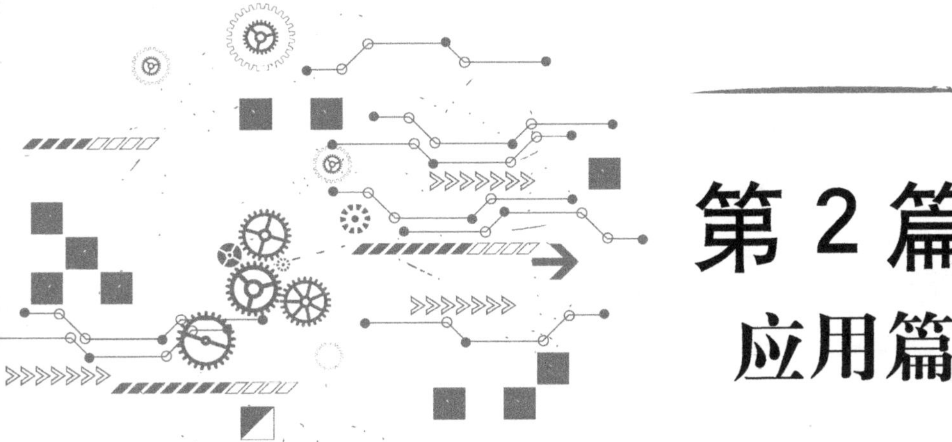

第 2 篇 应用篇

人工智能经过几十年的发展，在理论研究不断深入的基础上，应用到了博弈、自动定理证明、自然语言处理、计算机视觉、语音识别、智能机器人、自动驾驶汽车等领域。近十多年的发展，随着深度学习模型研究取得重大突破，带动了技术开发和应用推广的重大突破，一大批实用系统进入社会大众的日常工作与生活中，很多领域应用了人工智能系统，出现了“智能 +”形态。

本篇通过智慧学习、智慧医疗和智慧司法应用专题的介绍，展示出人工智能的应用给人们的工作、学习、生活带来了很多新变化。一方面，给我们的工作、学习、生活带来了很大的便利，很多事情都有机器助手协助完成；另一方面，对我们的知识结构、能力素质提出了新要求。作为学生，要结合自己的专业学习与职业规划，积极主动学习、了解人工智能知识，注重增强适应未来人机合作工作场景的合作意识、创新能力和学习能力；作为在职人员，着眼于自己工作岗位的未来发展，补充学习领域相关的人工智能知识与技术，不断提升人工智能应用场景下的工作能力与工作水平。

第2篇

应用篇

第2章 人工智能的应用

人工智能应用可以看作是一种高级形式的计算机应用，是在计算机单机应用、计算机联网应用基础上的自然升级。随着人工智能研究的不断深入，人工智能技术的应用范围快速拓展，很多领域都有了人工智能应用系统和产品，本章介绍几个主要的应用领域。

2.1 博弈

从狭义上讲，博弈是指下棋、玩扑克牌、掷骰子等具有输赢性质的游戏。从广义上讲，博弈（Game）就是对策或斗智。通过对博弈问题的研究，一是可以检验人工智能理论与技术是否能实现对人类智能的模拟；二是可以直观地把人工智能的研究成果介绍给大众，以扩大影响并争取更多支持。下棋程序的每次突破都会带起人工智能的一个发展热潮。

1913年，德国数学家恩斯特·策梅罗（Ernst Zermelo，1871—1953）在第五届国际数学家大会上发表了题为《关于集合论在象棋博弈理论中的应用》（*On an Application of Set Theory to Game of Chess*）的论文，第一次把数学和国际象棋联系起来。从此，现代数学出现了一个新的领域——博弈论（Game Theory）。1950年，香农发表了《国际象棋与机器》（*A Chess—Playing Machine*）论文，阐述了用计算机编制下棋程序的可能性。

2.1.1 塞缪尔的跳棋程序

最早开发计算机下棋程序的是1956年达特茅斯人工智能研讨会的主要参

会人员之一、美国计算机科学家塞缪尔。1952 年，塞缪尔运用博弈理论和状态空间搜索技术成功地开发了世界上第一个跳棋程序，运行在 IBM 701 计算机上，之后又移植到了 IBM 704 计算机和 IBM 7090 计算机上。塞缪尔的跳棋程序战果辉煌，1956 年 2 月 24 日在电视转播的与美国康涅狄格州跳棋冠军进行的公开对抗赛中获胜；1962 年 6 月 12 日又战胜了美国一位著名的跳棋选手。塞缪尔被称为“机器学习之父”，也被认为是计算机游戏的先驱。

塞缪尔的下棋程序之所以“聪明”，是因为塞缪尔对机器学习理论和技术进行了深入的研究并将其应用于下棋程序的开发。1959 年，基于多年的研究，塞缪尔发表了有关基于跳棋游戏研究机器学习的论文《基于跳棋游戏研究机器学习》（*Some Studies in Machine Learning Using Game of Checkers*）。他在这篇论文中对强记学习和归纳学习提出了许多创新性的观点，综合利用了可变评估函数、爬山法、特征表等多项人工智能的基本技术。1967 年，塞缪尔又发表了题为《基于跳棋游戏研究机器学习Ⅱ》（*Some Studies in Machine Learning Using Game of Checkers Ⅱ*）的论文。

2.1.2 IBM 的国际象棋程序

1970 年至 1994 年间，美国计算机学会（ACM）每年举办一次计算机国际象棋锦标赛（1992 年中断过一次），每年产生一位计算机国际象棋赛冠军。1991 年，冠军由 IBM 的“深思Ⅱ”（Deep ThoughtⅡ）计算机获得。美国计算机学会的这项赛事极大地推动了博弈问题的深入研究，也促进了人工智能研究的深入。“深思”系列计算机是由 IBM 公司研制的专门用于国际象棋比赛的高性能并行计算机。

1997 年 5 月 11 日，“深思”的换代产品“深蓝”（Deep Blue）计算机与俄罗斯人、国际象棋特级大师卡斯帕罗夫的 6 局对抗赛结束。“深蓝”以 2 胜 1 负 3 平的成绩战胜 1985 年以来一直占据世界国际象棋冠军宝座的卡斯帕罗夫。“深蓝”使用了 256 个专为国际象棋比赛设计的微处理器，重量达 1.4 吨，拥有每秒超过 2 亿步棋的计算速度。计算机内部存有 100 年间所有国际象棋特级大师开局和残局的下法。

2.1.3 浪潮集团的中国象棋程序

2006 年 8 月 9 日，“浪潮杯”首届中国象棋人机大赛在国家奥林匹克体育中心举行。比赛以 5 位中国象棋特级大师为一方，浪潮天梭超级计算机为另一方，5 位大师轮番上场，经过两轮比赛，结果浪潮天梭以 3 胜 5 平 2 负的成绩取得比赛胜利。

按照国际标准，达到大师级的人机博弈系统需要搜索深度达到 10 层以上，搜索结点数约为 1300 万个，计算大约 1000 万次评估函数。浪潮天梭为满足这一计算需求，历经一年的设计开发优化测试，峰值可达到每秒 42 亿步，采用交换式体系结构设计系统，通过高速交换模块实现对等的数据交换，构成完整的超级计算机系统；保证了 CPU 和内存，以及 CPU 和 CPU 之间的快速数据交换和通信，进而保证了查询和搜索的高效执行。

2.1.4 谷歌的围棋程序

2016 年 3 月 9 日至 15 日，谷歌旗下 DeepMind 公司研发的“阿尔法狗”（AlphaGo）围棋程序以 4∶1 战胜韩国职业九段围棋选手、世界围棋冠军李世石，成为第一个击败人类职业棋手的围棋程序。AlphaGo 存有 1500 万个人类围棋高手的对局棋谱，训练时使用由 1202 个 CPU 和 176 个 GPU 构成的超级计算机。

2017 年 5 月 23 日至 27 日，AlphaGo 的升级版 AlphaGo Master 以 3∶0 战胜排名世界第一的世界围棋冠军柯洁。2017 年 10 月，AlphaGo Zero 在无任何人类棋谱输入的条件下，只训练了 40 天，就以 100∶0 战胜了 AlphaGo Master。

西洋跳棋、国际象棋、中国象棋、围棋等都属于双人完备博弈。所谓双人完备博弈是对弈双方轮流走步，一方完全知道另一方已经走过的棋步以及未来可能的棋步，对弈的结果要么是一方赢（另一方输），要么是双方和局。对于任何一种双人完备博弈，都可以用一个博弈树来描述，并通过博弈树搜索策略寻找最佳解。博弈树类似于状态图和问题求解搜索中使用的搜索树。搜索树上的一个结点对应一个棋局，树的分支表示棋的走步，根结点表示棋局的开始，叶结点表示棋局的结束。一个棋局的结果可以是赢、输或和。对于一个思考缜密的棋局来说，其博弈树是非常大的，就国际象棋来说，有 10^{120} 个结点（棋局总数），而对中国象棋来说，估计有 10^{160} 个结点，围棋更复杂，盘面状态达 10^{768} 个。

下棋的过程，其实就是一个选择的过程，根据目前的棋局以及对对方可能走步的判断，选择一个有利于自己最终赢棋的棋步。从上面的数字可以看出，可供选择的棋步数量是非常巨大的，作为下棋的人，更多是经过缜密的思考后，凭经验和直觉做出选择，这是非常耗费脑力和体力的，也容易受到外界的干扰。而下棋的计算机，靠的是快速的计算和搜索比较，通过计算和比较找到对自己有利的棋步，计算机不会疲倦，不会有心理上的起伏，也不会受到对手情绪的干扰，但目前的计算机是没有知觉的，不能进行真正的思考。在一定意义上，双人完备博弈的人机大战是棋手的智慧与计算机计算能力的比拼。当然，棋手也需要记忆一定的经典棋局，计算机也需要有效的棋局存储和搜索策略，以保证在合理的时间搜索到最优的棋步。虽然以 IBM 公司的“深蓝”计算机、浪潮的“天梭”计算机、谷歌的 AlphaGo 为标志的博弈论研究和应用取得了相当大的成就，但仍有许多博弈问题值得进一步深入研究。

在下棋领域，相对于人，计算机的优势是速度快，对于人的一步走棋，计算机需要从所有可能的应对走步中选择（搜索）一个对自己有利、对对方不利的走步。虽然计算机的速度很快，但相对于棋局巨大的搜索空间，简单的穷举搜索是难以满足实际需要的，需要有高效的搜索算法。20 世纪 50 年代麦卡锡提出的 α-β 剪枝算法在下棋程序中得到广泛应用。α-β 剪枝算法会利用已有的搜索省掉对自己不利、对对方有利的棋步的搜索，大大提高了搜索到对自己有利棋步的效率。

在“深蓝”计算机上，如果不采用 α-β 剪枝算法，要达到和“深蓝”一样的下棋水平，每步棋需要搜索 17 年的时间，国际象棋、中国象棋程序等都是采用类似的算法达到或超过了人类棋手的冠军水平。

围棋程序是比较晚才达到人类冠军水平的。应用 α-β 剪枝算法的一个重要基础是对棋局状态的评分，国际象棋、中国象棋等由于具有棋局越下越简单、进入残局后依据棋子的多少就可能决定胜负、有明确的获胜标志等特点，棋局评分是比较容易的，而围棋的棋局评分就比较困难。

围棋程序采用了蒙特卡洛树搜索方法。蒙特卡洛方法也称统计模拟方法，是一类随机模拟方法的总称，用摩纳哥的赌城蒙特卡洛（Monte Carlo）来命名。该方法的思路虽然早在18世纪就已提出，但直至计算机技术出现后，能够通过程序快速地进行大量的随机模拟，才得到广泛应用。围棋程序结合信心上限决策方法，对于当前棋局，随机地模拟双方走步直至分出胜负为止，经过多次模拟，计算出每个落子点的评估值，选择对自己有利的落子点落子。

谷歌的AlphaGo将深度学习引入蒙特卡洛树搜索，设计了两个深度学习网络：一个为策略网络，用于从众多的可能落子点中选择若干个最好的可能落子点；一个为估值网络，对给定的棋局进行估值（评分），在模拟过程中不需要模拟到棋局结束就可以判断棋局是否对自己有利。估值网络提高了搜索和模拟效率。AlphaGo还结合了强化学习方法，因而超过了人类棋手的世界冠军水平。

“德州扑克”是一种流行的扑克游戏。2017年4月14日，卡内基梅隆大学开发的人工智能系统Libratus战胜了德州扑克顶级选手，是继AlphaGo之后人工智能在博弈领域的又一突破。从博弈的角度看，棋类游戏属于完全信息博弈，而扑克游戏一般属于不完全信息博弈，一个牌手并不完全准确知道其他牌手手中有什么牌。Libratus系统基于深度强化学习和心理学知识做出出牌决定。

2.2　定理自动证明

定理自动证明（Automatic Proof of Theorem）是指通过计算机程序来完成数学中定理或猜想的真假判定。判定程序不仅需要具有根据假设进行演绎的能力，还需要一定的判定技巧。

2.2.1 四色定理的自动证明

四色定理的描述是：任何一张地图只用 4 种颜色就能使具有共同边界的国家着上不同的颜色。也就是说在不引起混淆的情况下一张地图只需四种颜色来标记就行。1976 年 6 月，在美国伊利诺伊大学的两台不同的计算机上，用了 1200 个小时，做了 100 亿个判断，结果发现没有一张地图是需要 5 色的，最终证明了四色定理。

四色定理的来源是：1852 年，毕业于伦敦大学的弗朗西斯·格斯里（Francis Guthrie，1831—1899）来到一家科研单位从事地图着色工作时，发现每幅地图都可以只用 4 种颜色着色。那这个现象能不能从数学上加以严格证明呢？很多科学家对此进行了探索，直至 124 年后四色定理被计算机证明。

2.2.2 《数学原理》中定理的自动证明

西蒙和纽厄尔 1956 年发布的“逻辑理论家”（Logic Theorist）程序及其改进版是自动定理证明的早期代表性成果，证明了《数学原理》第二章的全部 52 个定理。1958 至 1959 年，美籍华人王浩在一台 IBM 704 机上实现了一个完全的命题逻辑程序以及一个一阶逻辑程序，证明了《数学原理》中全部 150 条一阶逻辑定理以及 200 条命题逻辑定理。1983 年，国际人工智能联合会（IJCAI）授予王浩自动定理证明里程碑奖。1965 年，阿兰·罗宾逊（John Alan Robinson，1930—2016）提出了对定理自动证明有深远影响的归结原理，对简化定理证明有很大作用。威廉·马库恩（William McCune，1953—2011）用 C 语言编写了 Otter 定理证明器，实现了当时定理证明所有的先进技术，马库恩发明的差别树索引技术提高了 Otter 的证明效率。

《数学原理》（*The Principles of Mathematics*）由英国著名的哲学家、数学家、逻辑学家伯特兰·罗素（Bertrand Russell，1872—1970）和他的老师阿尔弗雷德·怀特海（Alfred North Whitehead，1861—1947）合著，是 1910 至 1913 年出版的关于哲学、数学和数理逻辑的三大卷巨著，对逻辑学、数学、集合论、语言学和分析哲学的研究有着巨大影响。

2.2.3 吴文俊教授与定理自动证明的“吴方法”

吴文俊（1919—2017），祖籍浙江嘉兴，出生于上海市，1940 年毕业于上海交通大学数学系，1946 年赴法国斯特拉斯堡（Strassbourg）大学留学，1949 年获得博士学位。曾任中国科学院系统科学研究所研究员、中国科学院院士。

吴文俊教授的科学研究工作涉及拓扑学、自动推理、机器证明、代数几何、中国数学史、对策论等多个领域，在代数拓扑和机器证明两个领域有重大的原创性贡献，影响深远。

吴文俊教授的科学研究分为前后两个时期。前期（1947 至 1975 年）以代数拓扑为主，为拓扑学研究做出奠基性工作。他的贡献主要在两个方面：示性类研究和示嵌类研究。其研究成果于 1956 年获国家自然科学一等奖，被国际数学界称为“吴公式”“吴示性类”“吴示嵌类”。

后期始于 1976 年，主要从事机器证明与数学机械化的研究。吴文俊教授在 1977 年提出了一种全新且高效的几何定理证明方法。首先引进坐标，使待证定理的假设与结论都转换成多项式方程，这对于通常的情形都是成立的。然后依照某种确定的方式对代表假设的多项式方程进行处理，使其在有限步骤内到达代表结论的那一个多项式方程，或与之相反。这就给出了一个以机械方式进行的证明或否定一个几何定理的过程。这一方法还具有普遍适用的性质。即不论所考虑的定理出自何种初等几何，不论是欧氏的，还是非欧氏的，只要像通常出现的那样，假设与结论都可用多项式方程来表示，就可应用同样的方法与过程进行证明。他提出的用计算机证明几何定理的方法，在国际上被称为“吴方法”，是定理自动证明领域的一项重要的标志性成果。由于在几何自动推理领域的先驱性工作，吴文俊教授 1997 年获得“埃尔布朗自动推理杰出成就奖”，这是定理自动证明领域的最高奖。

授奖辞对他的工作给予了这样的介绍与评价：“几何定理自动证明首先由赫伯特·格兰特（Herbert Gerlenter）于 50 年代开始研究。虽然得到一些有意义的结果，但在‘吴方法’出现之前的 20 年里，这一领域进展甚微。”吴文俊的工作“不仅限于几何，他还给出了由开普勒定律推导牛顿定律、化学平衡问题与机器人问题的自动证明。他将几何定理证明从一个不太成功的领域变为最成功的领域之一。”

吴文俊教授是我国首届（2000 年度）国家最高科学技术奖获得者，2019 年 9 月被授予“人民科学家”国家荣誉称号。中国人工智能学会设有“吴文俊人工智能科学技术奖”。

中国人工智能学会（Chinese Association for Artificial Intelligence, CAAI）成立于 1981 年，基本任务是团结全国智能科学技术工作者和积极分子通过学术研究、国内外学术交流、科学普及、学术教育、科技会展、学术出版、人才推荐、学术评价、学术咨询、技术评审与奖励等活动促进我国智能科学技术的发展，为国家的经济发展、社会进步、文明提升、安全保障提供智能化的科学技术服务。

“吴文俊人工智能科学技术奖”旨在贯彻“尊重劳动、尊重知识、尊重人才、尊重创造”的方针，充分调动广大智能科学技术工作者的积极性和创造性，奖励在智能科学技术领域取得重大突破，做出重大贡献的科技工作者和管理者，被誉为“中国智能科学技术最高奖”。

“吴文俊人工智能科学技术奖”每年评选一次，包括吴文俊人工智能最高成就奖、吴文俊人工智能杰出贡献奖、吴文俊人工智能自然科学奖、吴文俊人工智能技术发明奖、吴文俊人工智能科技进步奖和吴文俊人工智能优秀青年奖等奖项。其中，吴文俊人工智能最高成就奖每年授奖人数不超过 2 名，奖金 100 万元人民币。

2018 年以来，陆汝钤、张钹、李德毅 3 位在人工智能领域做出重大贡献的著名科学家先后获得吴文俊人工智能最高成就奖。

中国科学院数学与系统科学研究院研究员、中国科学院院士陆汝钤 2018 年荣获首届“吴文俊人工智能最高成就奖”。陆汝钤院士作为我国人工智能领域的开拓者和先驱之一，在知识工程方面取得了系统性创新成就，特别是在全过程动画自动生成、专家系统开发环境、软件自动生成、少儿图灵测试、知件、大知识特征刻画等方面取得多项被国际公认具有创新性的领先成果。

清华大学计算机系教授、中国科学院院士张钹获得 2019 年度“吴文俊人工智能最高成就奖”，张钹院士长期从事人工智能理论、技术和应用研究，是我国人工智能领域的先驱者之一。他在搜索、规划和问题求解等领域建立形式化理论和高效算法方面做出了卓越贡献。他与清华大学张铃教授合作，创造性地把代数、概率等数学理论与认知理论相结合，提出了基于商空间的多粒度问题求解理论，成为粒计算领域的开拓者之一，对人工智能的发展具有重要意义。

军事科学院系统工程研究院研究员、中国工程院院士李德毅获得2020年度“吴文俊人工智能最高成就奖”。李德毅院士在认知模型、智能控制、不确定性推理、数据挖掘、无人驾驶等方面取得多项国际领先成果，是我国不确定性人工智能领域的主要开拓者、无人驾驶的积极引领者和人工智能产学研发展的重要推动者。

2.3 自然语言处理

自然语言处理（Natural Language Processing，NLP）就是让计算机“读懂”自然语言，从而实现人与计算机通过自然语言进行通信和交流的技术。因为处理自然语言的关键是要让计算机“理解”自然语言，所以自然语言处理又称为自然语言理解，也称为计算语言学。一方面它是自然语言信息处理的一个分支，另一方面它是人工智能的重要应用领域之一。

语言翻译、文本生成、文本理解、智能问答等都属于自然语言处理的研究范畴。语言翻译是指把一种自然语言自动翻译成另一种自然语言，常被称为机器翻译。文本生成是指自动生成新闻稿、命题作文、合同书等文本。文本理解是指自动抽取出一段文字或一篇文章的摘要内容等。智能问答是指在“理解”用文字所提问题的基础上给出合适的回答。

自然语言处理可以追溯到美国数学家瓦伦·韦弗（Warren Weaver，1894—1978）在1949年提出的机器翻译设计方案，甚至更早。自然语言处理大体可以分为三个发展阶段。

2.3.1 基于语法规则的自然语言处理

从20世纪40年代到80年代末，这一时期可以看作是自然语言处理的早期阶段，主要是基于关键词匹配、语法分析、句法分析、文法分析、词典等，即主要是基于关键字匹配和语言本身的语法规则（语言学知识）和词典来完成相关工作，代表性的系统有 ELIZA、PARRY、SHEDLU、SYSTRAN 等。

1966 年，约瑟夫·魏泽鲍姆（Jaseph Weizenbaum，1923—）设计了第一个对话程序（聊天机器人）ELIZA，能够模拟一位心理医生和患者聊天。和 ELIZA 聊过的很多对话人都觉得是在和一位真正的心理医生聊天。

1972 年，心理医生肯尼斯·科尔比（Kenneth Colby）在斯坦福大学开发了对话程序 PARRY。和 ELIZA 相反，PARRY 模拟一位病人和心理医生聊天。有意思的是，通过当时的网络 ARPANET（互联网的前身），PARRY（作为病人）和 ELIZA（作为医生）聊了一次，聊天记录保存在位于硅谷的计算机历史博物馆中。

还是在 1972 年，特里·维诺格拉德（Terry Winograd）在美国麻省理工学院设计了一个用自然语言指挥机器人动作的 SHEDLU 系统，该系统把句法分析、语义分析、逻辑推理结合起来，模拟了一个能够操纵桌子上积木的机器人手臂，通过人机对话方式，机器人能够根据操作人员的命令完成搭积木的动作。

彼得·托马（Peter Toma）在美国乔治敦大学开发了机器翻译系统 SYSTRAN，主要是把俄语科技文档翻译成英语文档。彼得·托马在此基础上于 1968 年创立了机器翻译公司。1976 年，欧共体翻译局购买了英法版的 SYSTRAN，并由欧共体组织自己的技术力量开发用于欧共体成员国所用语言间的翻译系统。经过 8 年的改进与完善，到 1983 年，SYSTRAN 已是一个具有相当高水平的多语言互译系统。SYSTRAN 是目前应用最广泛、所开发的语种最丰富的翻译软件，可进行汉语、英语、法语、德语、俄罗斯语等 50 种语言的互译。

大家或许对谷歌翻译、百度翻译比较熟悉，也可以去试试 SYSTRAN 翻译（SYSTRAN Translate），体验一下其翻译效果到底如何。它自己主页目前的宣传语是：基于一流的神经机器翻译技术以及在企业和政府机构数十年的经验，即时安全地翻译成 50 种语言。

2.3.2 基于统计的自然语言处理

由于自然语言的复杂性，依据语言学知识总结的语法规则并不能覆盖所有的语言应用，基于语法规则、语言学知识、词典的自然语言处理具有很大的局限性。从20世纪90年代开始，自然语言处理进入第二阶段，此时基于统计的机器学习方法开始流行，很多自然语言处理任务开始用基于统计的方法来完成。主要思路是：基于人工定义的特征建立统计模型，利用带标注的数据（平行语料）训练模型并确定模型参数，然后利用训练好的模型（参数）进行实际的翻译工作。更通俗一点讲，就是基于统计来完成翻译工作，利用平行语料（如中英文对照文本）统计源语言词与目标语言词的对应概率，然后根据概率和其他必要的评估进行翻译。例如，计算机虽然不知道“智能”对应的英文是什么，但是在对语料进行统计后发现只要中文句子中有“智能”出现，对应的英文句子中就会出现“intelligence”这个词（或出现的概率很高），那么就可以把“智能”翻译为“intelligence”。很显然，语料越多越丰富，基于统计的翻译效果就越好。

2.3.3 基于深度学习的自然语言处理

2006年，辛顿等发表关于深度学习的论文。2008年之后，基于多层神经网络的深度学习方法逐步应用于语音识别和图像处理，并取得良好效果。自然语言处理进入第三个阶段，先是把深度学习用于特征计算或者建立一个新的特征，然后在原有的统计学习框架下进行后续处理。2012年，辛顿和他的两位学生提出的深度卷积神经网络模型AlexNet在图片分类上取得重大突破，引起了研究应用深度学习模型的热潮。2014年以来，人们尝试直接通过深度学习建模，进行端对端的训练。基于深度学习的自然语言处理在机器翻译、智能问答、文本理解等领域取得了重大进展。

对于机器翻译来说，基于深度学习方法的机器翻译也称为神经机器翻译，其翻译过程是模拟人的翻译过程。人做翻译工作的思路是这样的：先理解要翻译的句子，然后形成句子的语义（句子所要表达的内在含义，不只是表面意思），最后按语义把句子翻译成目标语言的句子。基于循环神经网络的神经机器翻译包括两个模块：编码模块和解码模块。编码模块把输入的源语言句子变成一个中间的语义表示（融入了句子中词与词之间的关系），通过词嵌入技术用一系列的机器内部状态来代表；解码模块根据语义分析的结果逐词生成目标语言句子。对于比较长的句子，又加入了注意力机制，使得“循环神经网络＋词嵌入＋注意力机制”的机器翻译的性能全面超越了统计机器翻译。

深度学习方法的应用，使机器翻译、智能问答、聊天机器人、文本理解等领域取得了突破性进展，在科技翻译、智能客服等任务上达到了实用化水平。

2.4 计算机视觉

感知环境信息并给予适当的反应，是人类智能的重要体现。据说，人一生中约70%的信息是通过“看”获得的，“一幅图胜过千言万语”也表达了视觉对人类获取信息的重要性。任何人工智能系统，只要它需要人机交互或需要根据周边环境信息进行决策，“看”的功能都非常重要。随着相关技术的不断发展和成熟，越来越多的计算机视觉系统走进人们的日常工作与生活中，如指纹识别、人脸识别、视频监控、汽车牌照识别、无人机、消防机器人、巡检机器人等。

2.4.1 计算机视觉的含义

计算机视觉（Computer Vision）也称为机器视觉（Machine Vision），是指在环境表达和理解中，对视觉信息进行组织、识别和解释的过程。通俗地讲，计算机视觉就是研究和实现如何让计算机具有人类“看”的功能，主要包括两个层次：识别和理解，识别出环境中的“物”，理解“物”是什么及其特征。例如，一个人站在马路边，准备过没有红绿灯的马路，先要识别出（看到）周围环境中的“物”，再认识（理解）到“物”有汽车、电动自行车、行人、饭店、绿植等，再进一步认识（理解）到汽车和电动自行车开往哪个方向、离自己有多远、大致速度有多快，以此来判断自己是否可以安全步行过马路。这大致就是一般人所具有的视觉能力。计算机视觉的目标就是实现类似的功能，让一个站在马路边的机器人自主决定何时安全穿过马路。

计算机视觉是使用计算机及相关设备对人类视觉的一种模拟，其主要任务就是通过对采集的图像或视频进行处理以获得相应场景的三维信息，就像人每天所做的那样。形象地说，计算机视觉就是给计算机装上眼睛（摄像头）和大脑（算法），让计算机能够像人一样感知环境信息。

对于一幅图像（视频可以先分割为一幅一幅的图像），计算机视觉的任务就是分类和特征描述。分类包括场景分类与物体分类，前者比如区分城市道路、农村田野、室内会场等场景，后者比如识别出每一个场景中的马路、汽车、行人、电动自行车等物体。计算机视觉还可以进行人脸识别、花卉识别、动物识别、车牌识别等精细分类。特征描述包括汽车是停车状态还是行驶状态、行驶速度是多少、行驶方向为何、和另外一个物体的距离等。

2.4.2 基于深度学习的计算机视觉

1998年，杨立昆提出卷积神经网络模型 LeNet-5，将其实际应用于银行支票和邮政信件上手写数字的识别。2012年辛顿和他的两位学生设计的深度卷积神经网络模型 AlexNet 把 ImageNet 挑战赛的图片分类错误率大幅度降至15.3%（比最好的非深度学习方法低10多个百分点），引发了计算机视觉领域研究深度学习的热潮。后续的 GooLeNet、VGG、ResNet 等深度学习模型逐渐把 ImageNet 挑战赛的图片分类错误率降至低于人的错误率的水平，即5%以下。

深度学习促进了计算机视觉的实用化，近几年计算机视觉在电子门禁、身份确认、电子支付、考勤签到、安全检查等领域得到了广泛应用。

人脸识别是一个应用较为广泛的计算机视觉实例。人脸识别的核心工作就是计算两张人脸图片的相似度（一张为身份证上的照片或预先采集的照片，一张为通过门禁或安检时摄像头即时拍摄的照片），并以此来判断是否为同一个人。主要包括如下步骤：

（1）人脸检测。从给定的图片中判定是否有人脸，如果有人脸，给出人脸的位置和大小数据（包括一个人脸和多个人脸的情形），可以用矩形框标记。

（2）特征点定位。在标记出人脸矩形框的基础上，进一步定位眼睛中心、鼻尖和嘴角等关键特征点。

（3）面部子图预处理。即人脸子图的归一化，一是把关键特征点进行对齐，消除人脸大小、旋转带来的影响；二是对人脸核心区域子图进行光亮方面的处理，消除光的强弱、偏光等带来的影响。

（4）特征提取。从人脸子图中提取出可以区分不同人脸的特征。

（5）特征比对。对从两幅图片中提取的特征进行距离或相似度计算。

（6）决策。根据计算出的距离或相似度，确定两张图片上的人脸是否为同一人。根据应用场景，设定一个合适的阈值，安全级别高的应用场景可以把阈值设得高一些，相似度超过阈值，则判定为是同一个人，否则判定为不是同一个人。

上述步骤中的人脸检测、特征点定位、特征提取等工作都可以通过深度学习模型实现。

人脸识别有一对一方式和一对多方式，如火车站的身份验证，比对当时拍摄的人脸与身份证上的人脸是否为同一个人，就属于一对一方式；如门禁系统，把门禁摄像头拍摄的照片和数据库中预先采集的多幅照片进行比对，能和其中一幅比对上则可打开门禁，否则门禁不开，这属于一对多方式。

2.5 语音识别

语音识别（Speech Recognition）是指计算机自动将人的语音内容转换成对应的文字，即让计算机具有人类“听”的能力。语音识别是一门交叉学科，涉及生理学、声学、信号处理、计算机科学、模式识别、语言学、心理学等相关学科的知识。

语音识别的一般过程是：从一段连续声波中采样，将每个采样值量化，得到声波的数字化表示，对于每一帧采样值（包含若干个连续的采样值）抽取出一个描述频谱内容的特征向量，然后基于特征向量识别出语音所代表的词汇。

语音识别的起源可以追溯到20世纪50年代。1952年贝尔实验室首次实现了名为Audrey的数字识别系统，这个系统当时可以识别单个数字0～9的发音，并且对熟人的识别准确度高达90%以上。

代表性的三类语音识别系统是：基于语音规则的识别系统、基于统计模型的识别系统和基于深度学习的识别系统。

2.5.1 基于语音规则的识别系统

基于语音规则的识别系统本质上是一个专家系统，应用了语言学家总结的语音规则。1976年，在拉吉·瑞迪（Raj Reddy，1937—）教授的领导下，卡内基梅隆大学研发出了两个语音识别系统Hearsay Ⅰ和Harpy。Hearsay Ⅰ是世界上最早能进行连续语音识别的系统之一。后续还研发出Hearsay Ⅱ和Sphinx Ⅰ/Ⅱ等语音识别系统，并在此基础上发展出许多语音识别技术的基础思想。Sphinx Ⅱ系统用于帮助扫盲，其作用相当于一位教师，能够“听”孩子读课文，并在孩子读错或不会读时提供一些帮助。由于在人工智能系统、机器人系统和人机交互等领域的开创性研究，瑞迪获得1994年度图灵奖。瑞迪在斯坦福大学攻读博士学位时的研究项目就是语音识别，导师是1956年达特茅斯会议的主要组织者之一、1971年度图灵奖获得者约翰·麦卡锡。

2.5.2 基于统计模型的识别系统

从20世纪80年代开始，语音识别采用模式识别的基本框架，分为数据准备、特征提取、模型训练、测试应用等4个步骤。1980年，语音识别技术已经从孤立词识别发展到连续词识别，出现了两项重要技术：隐马尔可夫模型（Hidden Markov Model，HMM）和N-gram语言模型。1990年，大词汇量连续词识别技术持续进步，使得语音识别的精确度不断提高。

基于统计模型的识别系统需要建立大型的基于语音数据的语料库，并在大规模语料库的基础上应用统计模型方法。语音识别技术的一个重大突破是隐马尔可夫模型的应用。1988年，在卡内基梅隆大学读博士的李开复（导师就是瑞迪教授）实现了第一个基于隐马尔可夫模型的非特定人、大词汇量、连续语音识别系统 Sphinx。

2.5.3 基于深度学习的识别系统

进入 21 世纪，深度学习应用于语音识别，2009 年基于深度学习的语音识别在小词汇量连续语音识别上获得成功。

深度学习模型的应用进一步大幅度降低了语音识别的错误率。2015 年，应用了深度学习技术的谷歌语音识别系统将错误率降低至 8%，IBM 公司的 Watson 智能问答系统将错误率降低至 6.9%。2016 年，微软研究院进一步将错误率降低至 6.3%。

基于语音规则的识别系统的错误率高于 40%，离实用水平差距较大。统计模型用于语音识别，错误率从 40%以上降至 20%左右。虽然错误率大幅降低，但仍达不到实用水平。深度学习把识别错误率降低至 6%左右。如今，各种应用系统进入了我们的日常工作和生活。嵌入语音识别技术的会议系统能够实时地将演讲者所说的语音内容准确识别出来，并即时投影在大屏幕上，方便听者获取演讲内容。“微信”应用的语音转文字功能方便了接收者在不方便播放声音时阅读信息。不同语言间的语音互译方便了跨语言交流。

语音识别进一步的研究工作包括多位讲者语音的识别等，如同时有多人在演讲，如何把某个特定人的语音内容识别出来。

2.6 智能机器人

近年来，机器人技术得到快速发展和广泛应用，机器人（特别是人形机器人）的一大特点是能够形象直观地展示智能特性。机器人既是先进制造业的关键支撑装备，也是改善人类生活方式的重要工具。机器人的研发及产业化应用是衡量一个国家科技创新、高端制造发展水平的重要标志。

机器人是一种能够半自主或全自主工作的智能机器，具有感知、决策、执行等基本特征，可以辅助甚至替代人类完成危险、繁重、复杂的工作，提高工作效率与质量，服务人类生活，扩大或延伸人的活动及能力范围。

2.6.1　机器人的发展

自 1954 年世界上第一台机器人诞生以来，机器人经历了由一般机器人向智能机器人的逐步发展过程。一般机器人是指只具有一般编程能力和操作功能的机器人。多数专家认为，智能机器人至少要具备以下几个功能特征：一是具备对不确定作业条件的适应能力；二是具备对复杂对象的灵活操作能力；三是具备与人紧密协调合作的能力；四是具备与人自然交互的能力；五是具备人机合作安全特征。目前所说的机器人一般是指智能机器人。

在近 70 年的机器人发展历程中，科学家、工程师研发了多种样式、多种功能的机器人，在很多领域都有机器人的身影出现。

1988 年日本东京电力公司研制出具有自动跨越障碍能力的巡检机器人。1994 年中国科学院沈阳自动化所研制出中国第一台无缆水下机器人“探索者”。1997 年，美国研制的“探路者”空间移动机器人，完成了对火星表面的实地探测，取得了大量有价值的火星资料。

1999 年美国直觉外科公司研制出达芬奇机器人手术系统，现在已迭代更新至第五代产品，在多个国家的多家医院得到应用。2000 年，日本本田技研公司推出第一代人形机器人阿莫西；我国国防科技大学研制出我国第一个人形机器人“先行者”，具有与人类似的躯体、头部、眼睛、双臂和双足，可以步行，也有一定的语言功能。2005 年，美国波士顿动力公司研制出四腿机器人“大狗”（Bigdog）；日本研制出“村田男孩”机器人，能够骑行普通的双轮自行车。2008 年，深圳大疆创新科技公司研制出无人机；日本研制出一款名为“村田女孩”的机器人，该机器人可以骑行独轮车，相当于一个杂技演员；北京奥运会期间，由中国民航大学研制的 5 个奥运福娃机器人亮相北京首都国际机场，迎送奥运大家庭成员和国内外宾客。福娃机器人可以感应到 1 米以内的旅客，不仅能够用汉语送达问候，还会英、日、法等 12 国语言。通过机器人身上的手动触摸屏，可以查询奥运项目、住宿、购物、旅游等信息。

2013年12月2日，伴随“嫦娥三号”探测器发射入轨，并于15日与着陆器成功分离的“玉兔”号月球车也是一个高智能的机器人。2015年日本软银集团和法国Aldebaran Robotics公司联合研发出能够识别人的情绪的人形机器人“Pepper”，通过对“观察”到的面部表情和“听”到的语音语调的分析，“Pepper”能够知晓人当时的情绪状态并给予相应的语言或动作应对。2018年美国波士顿动力公司研制出能轻松完成奔跑、跨越障碍、旋转、跳跃、后空翻等一连串高难度动作的人形机器人。

2020年12月29日，美国波士顿动力公司发布了旗下大狗机器人“Spot”、人形机器人“Atlas”和搬运机器人“Handle”辞旧迎新的“集体舞”，丰富的编舞、流畅的舞步、机器人之间娴熟的协同性，赢得不少网民由衷的称赞。2020年7月23日随我国第一个火星探测器“天问一号”发射升空的我国首辆火星车“祝融”号，于2021年5月15日登陆火星并开始对火星的巡视探测工作，有人称之为中国机器人成功登陆火星。北京冬奥会于2022年2月4日开幕，赛时有消杀机器人、烹饪机器人、送货机器人和清废机器人等100多个智能机器人在主媒体中心，为媒体记者提供消杀、烹饪、送餐、清废等服务。

2.6.2 机器人的分类

机器人通常分为三类：工业机器人、服务机器人和特种机器人。

工业机器人是面向工业生产领域的多关节机械手或多自由度机器人，主要包括焊接机器人、喷涂机器人、装配机器人、搬运机器人、码垛机器人、自动牵引车、清洁机器人等。

服务机器人应用于人类的非生产性场合，主要包括家庭机器人、教育机器人、娱乐休闲机器人、医用机器人、残障辅助机器人、物流机器人、住宅安全和监视机器人等，主要承担维护保养、修理、拣货、运输、配送、清洗、保安、救援、监护以及教育、娱乐、医疗、养老、康复、助残等工作。

特种机器人是用于特殊环境的机器人，主要包括抢险救灾机器人、消防机器人、空间探测机器人、水下探测机器人、危险环境作业机器人和反恐防暴机器人等。

2.6.3　我国的机器人产业规划

各国都高度重视机器人的研发、产业发展与应用推广。美国、德国、日本、韩国等国政府近几年来陆续发布规划、政策等，旨在支持本国智能机器人的研发与产业化。

2016 年 3 月，我国工业和信息化部、国家发展和改革委员会、财政部等三部委联合印发了《机器人产业发展规划（2016—2020 年）》（以下简称《发展规划》）。

《发展规划》提出到 2020 年要实现的主要目标如下：

（1）产业规模持续增长。自主品牌工业机器人年产量达到 10 万台，六轴及以上工业机器人年产量达到 5 万台以上。服务机器人年销售收入超过 300 亿元，在助老助残、医疗康复等领域实现小批量生产及应用。

（2）技术水平显著提升。工业机器人速度、载荷、精度、自重比等主要技术指标达到国外同类产品水平，平均无故障时间达到 8 万小时；医疗健康、家庭服务、反恐防暴、救灾救援、科学研究等领域的服务机器人技术水平接近国际水平。

（3）集成应用取得显著成效。完成 30 个以上典型领域机器人综合应用解决方案，并形成相应的标准和规范，实现机器人在重点行业的规模化应用，机器人密度达到 150 以上。

5 年来，我国已初步形成较为完整的机器人产业体系，产业规模快速增长。2021 年，中国机器人市场规模预计达到 839 亿元，占全球市场近 40%。工业机器人、服务机器人、特种机器人的市场规模分别占据中国机器人市场的 53%、36%和 11%。国际机器人联合会（IFR）发布的数据显示，截至 2021 年 7 月，我国已连续 8 年保持全球最大和增速最快的工业机器人市场。到 2019 年，国内制造业机器人密度已达到 187，明显高于全球平均 113 的水平。机器人密度是指每万名产业工人所拥有的机器人台数。

2.7 自动驾驶汽车

自动驾驶汽车（Autonomous Vehicles）简称自动驾驶，是一种通过计算机系统自动行驶的智能汽车，自动驾驶也称为无人驾驶。自动驾驶汽车依靠人工智能、视觉计算、雷达、监控装置和全球定位系统的协同合作，让计算机在没有任何人主动操作的情况下，自动安全地操作机动车辆。

2.7.1 自动驾驶汽车的发展

自动驾驶汽车已有数十年的发展历史，21 世纪初随着人工智能的快速发展呈现出接近实用化的趋势。

1986 年，在瑞迪教授的主持下，卡内基梅隆大学研发出第一辆基本具备自动驾驶汽车特征的原型车（Navlab），最高时速为 32 千米。2005 年，斯坦福大学研发的名为 Stanley 的自动驾驶汽车参加了美国国防高等研究计划署举办的自动驾驶挑战赛并获得冠军。挑战赛引起了大众对自动驾驶的关注。

2009 年，谷歌研发的自动驾驶汽车围绕谷歌总部的核心园区转了一圈，完成了直行、转弯、上坡、下坡、避开其他车辆等行驶动作。2010 年 10 月，谷歌公司在官方博客中宣布，正在开发自动驾驶汽车，目标是通过改变汽车的基本使用方式，协助预防交通事故，将人们从大量的驾车时间中解放出来。2012 年 5 月，谷歌获得了美国内华达州机动车辆管理局颁发的美国历史上首个自动驾驶汽车许可证。截至 2016 年，谷歌自动驾驶汽车的测试里程已经超过 200 万英里（约 322 万千米）。

1987 年，我国国防科技大学研制出一辆自动驾驶原型车。2003 年，国防科技大学和一汽集团（中国第一汽车集团有限公司）合作，在一辆红旗轿车上安装了自动驾驶系统，最高时速达 130 千米。2011 年，改进后的自动驾驶红旗轿车完成了从长沙到武汉的公路测试，总里程 286 千米，其中人工干预 2240 米。

2014 年 7 月，百度公司启动“百度无人驾驶汽车”研发计划。2015 年 12

月，百度无人驾驶车实现了国内首次城市、环路及高速道路混合路况下的全自动驾驶。百度无人驾驶车往返全程均自动驾驶，并实现了多次跟车减速、变道、超车、上下匝道、调头等复杂驾驶动作，完成了进入高速（汇入车流）到驶出高速（离开车流）的不同道路场景的切换。测试时最高时速达到100 千米。2018 年 2 月 15 日，百度无人车阿波罗（Apollo）亮相央视春晚，由它引领的上百辆车在港珠澳大桥上穿行而过，并在无人驾驶模式下完成“8”字交叉跑的高难度动作。

2017 年 12 月 2 号上午，由海梁科技携手深圳巴士集团、安凯客车、中兴通讯等单位联合打造的自动驾驶客运巴士——阿尔法巴士（AlphaBus）正式在深圳福田保税区的开放道路上进行线路的信息采集和试运行，这也是全球首次在开放道路上进行智能驾驶公交试运行。

2021 年 11 月 25 日，北京正式开放国内首个自动驾驶出行服务商业化试点，67 辆百度自动驾驶出租车获准在北京亦庄经济技术开发区提供有偿服务，顾客通过“萝卜快跑”APP 约车付费。

投入运营的车辆是百度公司和一汽（中国第一汽车集团有限公司）联手打造的中国首批前装量产 L4 级自动驾驶乘用车——红旗 EV，它是中国首辆前装量产的共享无人车（Robotaxi），也是百度 Apollo 第四代共享无人车。

红旗 EV 配备有 1 架 40 线激光雷达、2 架毫米波雷达、9 个摄像头、1 组超声波雷达。红旗 EV 前装了 Apollo 定制版 OBU（车载单元），能够和智能网联路侧设备进行 L4 级车路协同感知驾驶，实现聪明的车与智能的路紧密结合。

截至目前，百度 Apollo 测试总里程超过 1800 万千米，已在北京、上海、广州、长沙、沧州五地开放示范应用，累计接待乘客超过 40 万人次。需要说明的是，目前的运营车辆仍需配备一名安全员坐在前排，以便在必要时采取干预措施。

2.7.2　自动驾驶汽车的分级

为了更好地区分不同层级的自动驾驶技术，国际自动机工程师学会（SAE-International）于 2014 年发布了自动驾驶的 6 级分类体系，2021 年 5

月又发布了更新后的 SAE J3016 标准。参照 SAE J3016 标准，我国制定了《汽车驾驶自动化分级》国家标准（GB/T 40429—2021），该标准将于 2022 年 3 月 1 日起实施。

国标规定，在汽车驾驶自动化的 6 个等级之中，0～2 级为驾驶辅助，系统辅助人类执行动态驾驶任务，驾驶主体仍为驾驶员；3～5 级为自动驾驶，系统在设计运行条件下代替人类执行动态驾驶任务，当功能激活时，驾驶主体是系统。0 级为完全的人工驾驶，5 级为完全的自动驾驶，1～4 级由人工为主逐步过渡到以自动为主。各级名称及定义如下：

0 级驾驶自动化（应急辅助）系统不能持续执行动态驾驶任务中的车辆横向或纵向运动控制，但具备持续执行动态驾驶任务中的部分目标和事件探测与响应的能力。

1 级驾驶自动化（部分驾驶辅助）系统在其设计运行条件下持续地执行动态驾驶任务中的车辆横向或纵向运动控制，且具备与所执行的车辆横向或纵向运动控制相适应的部分目标和事件探测与响应的能力。

2 级驾驶自动化（组合驾驶辅助）系统在其设计运行条件下持续地执行动态驾驶任务中的车辆横向和纵向运动控制，且具备与所执行的车辆横向和纵向运动控制相适应的部分目标和事件探测与响应的能力。

3 级驾驶自动化（有条件自动驾驶）系统在其设计运行条件下持续地执行全部动态驾驶任务。

4 级驾驶自动化（高度自动驾驶）系统在其设计运行条件下持续地执行全部动态驾驶任务并自动执行最小风险策略。

5 级驾驶自动化（完全自动驾驶）系统在任何可行驶条件下持续地执行全部动态驾驶任务并自动执行最小风险策略。

目前，市场上面向普通客户销售的汽车一般都提供了 1 级水平的配置选项，部分品牌可选配到 2 级水平。专用的自动驾驶汽车可达到 3～4 级的水平。

第3章 智慧教育

在我国，教育承担着培养德智体美劳全面发展的社会主义建设者和接班人的根本任务。面对人工智能的发展与应用，教育工作者需要思考两个问题，一是如何利用人工智能技术提升教育教学水平；二是如何开展高质量的人工智能教育。目标是培养出符合数字时代要求的高素质公民。

3.1 教育信息化

人工智能是基于计算机技术、网络技术、大数据技术等发展起来的，利用人工智能技术提升教育教学水平，实际上就是基于教育的信息化建设来提升教育教学水平。信息化是智能化的基础，智能化是信息化的高级阶段。《国家中长期教育改革和发展规划纲要（2010—2020年）》明确指出："信息技术对教育发展具有革命性影响，必须予以高度重视。"《教育信息化十年发展规划（2011—2020年）》强调："我国教育改革和发展正面临着前所未有的机遇和挑战。以教育信息化带动教育现代化，破解制约我国教育发展的难题，促进教育的创新与变革，是加快从教育大国向教育强国迈进的重大战略抉择。"

3.1.1 教育信息化1.0

《2006—2020年国家信息化发展战略》对信息化的定义是："信息化是充分利用信息技术，开发利用信息资源，促进信息交流和知识共享，提高经济增长质量，推动经济社会发展转型的历史进程。"教育承担着为经济社会发展培养高素质建设者的重任，教育信息化是国家信息化建设的重要组成部分和战略重点。著名的教育信息化专家南国农教授认为："教育信息化是指在教育中普遍运用现代信息技术，开发教育资源，优化教育过程，以培养和提高学生的信息素养，促进教育现代化的过程。"

关于我国教育信息化的起源与阶段划分，有多种不同的观点。陈琳教授等把我国的教育信息化划分为5个发展阶段：孕育萌芽期（1983至1994年）、起步混搭期（1995至1999年）、奠基普及期（2000至2011年）、应用提升期（2012至2017年）和融合转型期（2018年至今）。

1995年，中国教育和科研计算机网（China Education and Research Network，CERNET）接入国际互联网。在学校网络建设的早期，很多高校都是通过CERNET接入互联网的，这标志着我国教育信息化正式起步。

1995年之前，学校的计算机应用主要以单机应用为主，1995年之后逐步开始联网应用。截至2001年底，全国已有70%左右的高等院校建立了不同层次和规模的校园网，网络已连接到校内的主要办公楼、教学楼、实验楼、图书馆，并建立了网络中心和多媒体教室。全国中小学拥有367万台计算机，平均51人一台。建有校园网的中小学校10 687所，占全国中小学校数的1.8%。

2002年9月，教育部颁布《教育信息化"十五"发展规划（纲要）》，这是第一个全国性的教育信息化规划；2012年3月，教育部颁布《教育信息化十年发展规划（2011—2020年）》；2016年6月，教育部颁布《教育信息化"十三五"规划》。这几个规划的颁布与实施，促进了教育信息化的快速推进。截至2015年底，全国中小学校互联网接入率已达87%，多媒体教室普及率达80%；优质数字教育资源日益丰富，信息化教学日渐普及；全国6000万名师生已通过"网络学习空间"探索网络条件下的新型教学、学习与教研模式。

2018年4月，教育部印发《教育信息化2.0行动计划》（以下简称《行动计划》），标志着我国的教育信息化建设已进入2.0阶段。

3.1.2 教育信息化2.0

教育信息化1.0阶段主要是硬件环境建设，由计算机单机应用逐步过渡到计算机联网应用，完成了“三通两平台”任务，即实现了“宽带网络校校通、优质资源班班通、网络学习空间人人通”，建设了“教育资源公共服务平台”和“教育管理公共服务平台”，通过教育信息化建设促进了教育资源建设与应用，提升了教育管理水平。

2.0 阶段在继续提升计算机网络和平台建设水平的基础上，主要推进人工智能、大数据和区块链等技术的应用。总体要求是：构建网络化、数字化、智能化、个性化、终身化的教育体系，建设人人皆学、处处能学、时时可学的学习型社会。近期目标是：到 2022 年基本实现“三全两高一大”的发展目标，即教学应用覆盖全体教师、学习应用覆盖全体适龄学生、数字校园建设覆盖全体学校，信息化应用水平和师生信息素养普遍提高，建成“互联网＋教育”大平台，推动从教育专用资源向教育大资源转变、从提升师生信息技术应用能力向全面提升其信息素养转变、从融合应用向创新发展转变，努力构建“互联网＋”条件下的人才培养新模式，发展基于互联网的教育服务新模式，探索信息时代教育治理新模式。

3.2　教育智慧化

3.2.1　智慧教育的内涵

进入教育信息化 2.0 阶段前后，两个重要文件相继出台。一是 2017 年 7 月国务院印发的《新一代人工智能发展规划》（以下简称《发展规划》）；二是 2018 年 4 月教育部印发的《行动计划》。

《发展规划》把智能教育列为重点任务之一。《行动计划》提出了 8 项行动：数字资源服务普及、网络学习空间覆盖、网络扶智工程攻坚、教育治理能力优化、百区千校万课引领、数字校园规范建设、智慧教育创新发展、信息素养全面提升。一定意义上讲，《行动计划》中的前 6 项行动都是为建设智慧教育奠定基础、创造条件，智慧教育创新发展是标志性行动，智慧教育的目标是全面提升学生的信息素养、培养创新人才。

两个重要文件分别正式使用了“智能教育”和“智慧教育”概念，意味着教育信息化 2.0 阶段的主要任务是推进教育的智能化，即发展智慧教育。

《发展规划》定义了智能教育的基本内涵：利用智能技术加快推动人才培养模式、教学方法改革，构建包含智能学习、交互式学习的新型教育体系。开展智能校园建设，推动人工智能在教学、管理、资源建设等全流程应用。开发立体综合教学场、基于大数据智能的在线学习教育平台。开发智能教育助理，建立智能、快速、全面的教育分析系统。建立以学习者为中心的教育环境，提供精准推送的教育服务，实现日常教育和终身教育定制化。

《行动计划》列出了发展智慧教育的主要任务和路径：

（1）开展智慧教育创新示范。设立 10 个以上“智慧教育示范区”，开展智慧教育探索与实践，推动教育理念与模式、教学内容与方法的改革创新，提升区域教育水平。

（2）构建智慧学习支持环境。大力推进智能教育，开展以学习者为中心的智能化教学支持环境建设，探索泛在、灵活、智能的教育教学新环境建设与应用模式。

（3）加快面向下一代网络的高校智能学习体系建设。适应 5G（第五代移动通信技术）网络技术发展，服务全时域、全空域、全受众的智能学习新要求，以增强知识传授、能力培养和素质提升的效率和效果为重点，形成泛在化、智能化学习体系。

（4）加强教育信息化学术共同体和学科建设。设立长期研究项目和研究基地，形成持续支持教育信息化基础研究、应用研究和技术开发的长效机制。加强智能教学助手、教育机器人、智能学伴、语言文字信息化等关键技术研究与应用。

2019 年 5 月，教育部公布了首批“智慧教育示范区”建设名单，包括北京市东城区、山西省运城市、上海市闵行区、湖北省武汉市、湖南省长沙市、广东省广州市、四川省成都市武侯区、河北省雄安新区等 8 个区域。教育部要求各入围区域要将信息化作为教育现代化的重要驱动力，加快信息化时代教育变革。通过完善政策环境、健全制度体系、创新推进机制，与时俱进地革新教育理念、优化教育体制、构建教育生态，以促进信息技术特别是智能技术与教育教学深度融合为核心，以能力素养培育为重点，大力推动人才培养模式变革，满足新时代和信息社会创新人才培养需求，更好地服务社会主义现代化强国建设。

3.2.2　智慧教育的应用场景

智慧教育就是在信息技术和智能技术深度融入教育全过程的基础上，为教师、学生和教育工作者提供智能化服务，智慧教育的应用范围很广。中国人工智能学会组编的《中国人工智能发展报告（2019—2020）》给出了"人工智能＋教育"（智慧教育）的 5 个典型应用场景：

（1）智能教育环境。以人工智能技术作为智能引擎，建立支持多样化学习需求的智能感知能力和服务能力平台，实现以泛在性、社会性、情境性、适应性、连接性等为核心特征的泛在学习。

（2）智能学习过程支持。针对学习过程中的各类场景进行智能化支持，形成诸如智能学科工具、智能机器人、机器人学伴与玩具、特殊教育智能助手等学习过程中的支持工具，从而实现学习者和学习服务的交流、整合、重构、协作、探究和分享。

（3）智能教育评价。人工智能技术不仅仅会在试题生成、自动批阅、学习问题诊断等方面发挥重要作用，更重要的是还可以对学习者学习过程中知识、身体、心理状态进行诊断和反馈，在学生综合素质评价中发挥不可替代的作用。

（4）智能教师助理。人工智能将代替教师从事日常工作中重复、单调、规则的工作，缓解教师的工作压力。人工智能技术还可以增强教师的能力，使得教师能够处理以前无法处理的复杂事项，对学生提供以前无法提供的个性化、精准化的支持。

（5）教育智能管理与服务。通过大数据的收集和分析建立起智能化的管理手段，形成人机协同的决策模式，可以洞察教育系统运行过程中的问题本质与发展趋势，实现更高效的资源配置，有效提升教育质量并促进教育公平。

3.3 中小学人工智能教育

3.3.1 中小学人工智能教育的必要性

在中小学开展人工智能教育，对于提升青少年的数字素养与技能，使其更好地适应数字社会具有重要作用。在中小学开展人工智能教育，还能激发更多学生学习了解人工智能的兴趣与潜力，为高校选拔培养大批具有创新精神创新能力的人工智能高端人才打下坚实基础。

《发展规划》提出要求：实施全民人工智能教育项目，在中小学阶段设置人工智能相关课程，逐步推广编程教育。《普通高中信息技术课程标准（2017年版）》正式纳入了人工智能教学内容，在必修模块“数据与计算”中提出了“了解人工智能技术，认识人工智能在信息社会中的重要作用”的学业要求。还设置了选择性必修模块“人工智能初步”，包括人工智能基础、简单人工智能应用模块开发、人工智能技术的发展与应用三部分内容，学业要求是：“能描述人工智能的基本特征，会利用开源人工智能应用框架搭建简单智能系统。了解人工智能的新进展、新应用（自动翻译、人脸识别、自动驾驶等），并能适当运用在学习和生活中。了解人工智能的发展历程，能客观认识人工智能技术对社会生活的影响。”2019 年以来，教育部把中小学人工智能教育相关工作列入每年的年度《教育信息化和网络安全工作要点》中重点推进。

上述政策措施有力推动了我国中小学人工智能教育的开展，很多中小学教师在学校的支持下，结合学校自身条件和学生基础积极探索人工智能教育，取得了良好的教学效果。但是，由于受重视程度、师资队伍、学时数、教材、实验条件等多种因素的影响，不同地区不同学校开展人工智能教育的情况差异较大。

3.3.2 分学段实施分层次模块化教学

中国人民大学附属中学是较早开设人工智能课程的中学，通过普及人工智能教育、构建人工智能课程体系，使学生对人工智能实现从感知到认知，再到创新的提升，全面提升学生的信息素养。学校构建了一套“人工智能＋X”的中学人工智能课程体系，取得了很好的教学效果，起到了引领和示范作用。

基于人大附中的教学实践，人大附中信息技术教研组长、北京市特级教师袁中果博士等提出了分学段实施分层次模块化教学的中小学人工智能教育方案，方案的主要内容如下：

在小学，以体验为主，重在感知。只设计了核心课程“走近人工智能”，没有进阶课程。目的是让小学生对人工智能有所接触、了解和体验，以人工智能知识类故事、游戏化机器人体验、趣味教学课程为主。通过体验人工智能技术在生活学习中的运用实例，了解人工智能发展史以及机器学习的概念；发现生活中的人工智能的案例；了解人工智能给社会发展带来的变化，感知人工智能的无处不在，并能够正确地认识这些变化带来的利弊。

在初中，以发现为主，重在认知。设计了核心课程和进阶课程。核心课程“人工智能入门”让学生了解人工智能的概念、发展历程、里程碑事件、发展趋势等，初步了解机器学习的原理，了解一些核心算法，了解专家系统、自然语言处理、图像识别等概念，了解人工智能哲学基础与伦理，能利用模块化编程调用相关库函数进行人工智能项目的实践。在“人工智能进阶”课程中，学生能够利用所学知识基于智能硬件、机器人等设施，结合人工智能算法，实现如无人驾驶等实践项目；利用人工智能算法进行语音识别与合成；掌握自然语言处理方法，能够利用算法进行词频统计、情感分析以及语义分析等。

在高中，以探究为主，重在创新。设计了核心课程和进阶课程，核心课程内容要求可以参考《普通高中信息技术课程标准（2017 年版）》中“人工智能初步”模块的内容要求。进阶课程设置了人工智能专业模块和人工智能＋X 模块。人工智能专业模块供学生分专业方向深入学习，如机器学习、强化学习、数据挖掘、计算视觉等。人工智能＋X 模块要求学生掌握人工智能知识与技术在语文、数学、生物、地理、社会学等学科中的应用方法，能够结合人工智能知识与技术实现跨学科的实践操作。

3.3.3 重视价值引领和伦理教育

人工智能具有较为明显的双面性，既可以借助其提高学习质量和工作效率，也可以用其作弊和作假；既能给使用者带来便利，使其获得更好的服务，也能泄露使用者的个人隐私。青少年正处在世界观、价值观形成的关键时期，针对青少年开展人工智能教育更要注重价值引领和伦理教育。青少年信息技术教育专家熊璋教授曾发文《青少年人工智能教育更应重视立德树人》。熊璋教授认为，青少年人工智能教育更应当具有鲜明的价值观导向，其核心在于教育青少年形成正确的使用目的、科学的使用方法和健康的使用生态，避免他们在使用人工智能时伤害自身、他人与社会。青少年人工智能教育的目标是与人工智能相得益彰，科学理解人与人工智能在解决实际问题时的异同，主动利用人工智能提升自身的学习与生活质量，正确理解人工智能对社会的双面性作用，接受其正面影响，拒绝其负面行为；在人工智能社会中随时随地注意保护自己的隐私与安全。面对人工智能日益普及的真实冲击，亟须学校、家长乃至社会的正确引导。

在中小学开展人工智能教育不是简单的开一门课、做几个实验、演示几个案例，而是要在如下几个方面积极探索：

（1）做到价值引领、知识传授和能力培养的有机统一。在知识传授、能力培养的同时注重正确的价值观教育和伦理教育，引导学生从开始接触人工智能就能正确认识人工智能的双面性，明晰利用人工智能能做什么事情，不能做什么事情，为以后正确使用人工智能打好认识基础。

（2）创新教学模式。从人工智能课程改起，改变重知识传授、轻兴趣培养，重老师讲授、轻学生实践的传统教学模式，更多地引导学生“玩中学、做中学、合作学、研讨学”，以实践操作带动知识学习，以激发学生的学习兴趣和探索欲望、培养学生的创新意识合作精神为主。

（3）培养学生的科学家精神。人工智能研究经历了几次低谷与热潮的交替才有近些年的重大突破，即使处于“寒冬”期，都有国内外人工智能科学家执着奋斗的身影，以这种科学家精神启发学生树立远大理想并为实现理想做出坚持不懈的努力。

3.4　大学人工智能教育

如果说中小学（人工智能）教育的目的之一是为培养人工智能高端人才做准备，那么大学则承担着直接培养人工智能高端人才的重任。《发展规划》提出：完善人工智能领域学科布局，设立人工智能专业，推动人工智能领域一级学科建设，尽快在试点院校建立人工智能学院，增加人工智能相关学科方向的博士、硕士招生名额。从2018年开始，高校正式设置“人工智能”专业，已有清华大学、南京大学等345所高校开设了“人工智能”专业。北京大学、清华大学等高校开设了人工智能实验班。

3.4.1　北京大学的“通班”

北京大学是我国最早开展人工智能研究的大学之一，1988年成立了人工智能领域最早的国家重点实验室之一，2002年创办了中国第一个智能科学系，2004年在国内率先招收“智能科学与技术”专业本科生，2007年最早建成本、硕、博完整的人工智能培养体系。

为培养“通识＋通智＋通用”的世界顶尖复合型人才，北京大学人工智能研究院组建了北京大学通用人工智能实验班（简称“北大通班”或“通班”），将顶尖人才引入通用人工智能领域，为有志于在人工智能相关领域发展的同学提供国际一流的学习平台与交流环境。

“通班”的特色：

（1）以人工智能为核心的知识体系。课程设置涵盖人工智能的六大核心领域，包括视觉、语言、认知、机器人、机器学习、多智能体等。课程体系及实践项目将帮助学生打下扎实的科研基础、完善人工智能领域的知识结构，为未来深化人工智能技术研究、拓展人工智能应用边界、转化人工智能发展成果做好准备。

（2）以交叉学科为补充的方向选择。结合北大优势学科，推出人工智能＋人文、艺术、社科、伦理、国学、法制等交叉课程，提高学生的综合素养，培养未来人工智能领域的引领者。

(3) 以前沿研究为导向的广阔视野。对优秀本科学生进行预研培养，讲授最前端的学科知识，探讨最前沿的学术课题，根据学生的学习兴趣，因材施教，在人工智能各个核心领域中提供科研指导，培养学生的科学家气质，以期其成为人工智能行业内世界级的领袖与学者。

(4) 以思想自由为风格的智能学派。背靠北京大学人工智能研究院，拥有多元化、国际化背景的师资力量，提供学生与大师同行、教学相长的学习环境，形成通用人工智能方向上多元学科、学说交叉融合的学派。

“通班”定期邀请来自全球范围内高校的知名学者与来自工业界 AI 实验室的顶尖科学家进行学术交流，通过自由参与的大型讲座、小型研讨会等形式，开阔学生眼界，提高其科学审美。

从北大相关专业的学生中选拔的首批 26 名学生已经在 2021 年春季学期开课。

实验班由北大人工智能研究院院长朱松纯教授领衔。朱松纯教授是全球著名计算机视觉专家、统计与应用数学家、人工智能专家，他曾多次获得国际大奖，3 次问鼎计算机视觉领域国际最高奖项——马尔奖，两次担任国际计算机视觉与模式识别大会主席（CVPR2012 和 CVPR2019），曾任美国加利福尼亚大学洛杉矶分校（UCLA）计算机视觉、认知、学习与自主机器人中心主任。

2021 年 11 月，在人工智能研究院、王选计算机研究所和智能科学系的基础上成立了北京大学智能学院，朱松纯教授担任院长。

3.4.2 清华大学的“智班”

清华大学从 2019 年开设“人工智能学堂班”（简称“智班”），由清华大学交叉信息研究院院长姚期智教授担任首席教授。

“智班”旨在培养人工智能领域领跑国际的拔尖科研创新人才，并通过其广基础、重交叉的培养模式，打造学科间的深层交叉合作平台，进一步促进不同学科之间的交叉结合；并在助力不同学科发展的同时，深化对人工智能前沿的理解，并进一步推进人工智能发展。

姚期智教授认为，中国当前的人工智能研究和发展面临两个问题：一是缺乏创新性的跨领域应用系统，另一方面是在算法和理论方面缺乏突破。针对这两方面，姚期智教授于2011年创办的清华大学交叉信息研究院已经具备了强大的实力。人工智能的应用离不开学科交叉，“智班”的成立将通过本科生的人才培养，来推动我国的人工智能和学科交叉应用的发展。

“智班”从2019年秋季开始招收本科生，每年计划招收30人。在低年级，将通过数学、计算机与人工智能的核心课程，为学生打下扎实宽广的基础；在高年级，将通过交叉联合AI+X课程项目的方式，使学生有机会将人工智能与其他学科前沿相结合，在以人工智能促进不同学科发展的同时，深化对人工智能的理解，推动人工智能前沿的发展。同时，“智班”的同学将获得与相关产业的联合实习机会，深入了解实际产业中的前沿基础科学问题，并通过人工智能知识与技术，加强人工智能在不同产业中的推广与应用。在应用中对人工智能技术进行进一步推广与发展，并为产业发展提供坚实技术基础。

姚期智教授是世界著名计算机学家、中国科学院院士、美国科学院外籍院士。因对计算理论包括伪随机数生成、密码学与通信复杂度的突出贡献，姚期智教授被授予2000年度图灵奖，成为设立图灵奖以来首位获奖的亚裔学者，也是迄今为止获此殊荣的唯一华裔计算机科学家。

3.4.3　南京大学的人工智能专业

南京大学是最早开设“人工智能”本科专业的35所高校之一。2019年5月，南京大学人工智能学院正式出版了《南京大学人工智能本科专业教育培养体系》（以下简称《培养体系》），《培养体系》汇集了院长周志华教授《对创建一流大学人工智能教育的思考》、南京大学人工智能专业本科培养方案、方案中所列数学基础课程和专业课程的教学大纲等内容，是国内最早公开出版的人工智能本科专业教育培养体系。

《培养体系》中的毕业要求分为素质结构要求、能力结构要求和知识结构要求。

1. 素质结构要求

思想道德素质：热爱祖国，拥护中国共产党的领导，具有科学的世界观、人生观和价值观；具有责任心和社会责任感；具有法律意识，自觉遵纪守法；热爱本专业，注重职业道德修养；具有诚信意识和团队精神。

文化素质：具有一定的文学艺术修养和现代意识，具有国际视野和跨文化的交流竞争与合作能力。

专业素质：掌握科学思维方法和科学研究方法；具备求实创新意识和严谨的科学素养；了解与本专业相关的产品研发、生产、设计的法律、法规，熟悉环境保护和可持续发展等方面的方针、政策和法律、法规，能正确认识科学研究与工程应用对于客观世界和社会的影响，具有一定的工程意识和效益意识。

身心素质：具有较好的身体素质和心理素质。

2. 能力结构要求

基本能力：具有适应发展及终身学习的能力；掌握文献检索、资料查询及其他手段获取相关信息的基本方法；具有较强的表达能力和人际交往能力以及在团队中发挥作用的能力。

专业能力：具备良好的数学能力和牢固的计算机专业知识基础；掌握扎实的人工智能基础理论和专业知识，了解前沿发展现状和趋势；具有扎实的思考、分析和解决问题的能力，具体表现为良好的算法能力、系统能力、人工智能应用能力以及和其他学科的融合及创新应用能力；具有扎实的工程基础知识和实践能力。

创新能力：具备以互联网、大数据及人工智能为核心的创造性思维能力，具备人工智能理论、技术、应用及交叉学科融合的科学研究能力以及对新知识、新技术的敏锐性。

3. 知识结构要求

工具性知识：外语、文献检索、科技写作等。

人文社会自然科学知识：文学、哲学、政治学、社会学、法学、思想道德、职业道德、艺术、大学物理等。

数学基础知识：数学分析、高等代数、概率论、数理统计、离散数学、最优化方法、数理逻辑等。

学科基础知识：人工智能导论、数据结构与算法分析、程序设计基础、人工智能程序设计、机器学习导论、知识表示与处理、模式识别与计算机视觉、自然语言处理、数字系统设计基础、计算机系统基础、操作系统等。

专业方向知识：泛函分析、数字信号处理、高级机器学习、计算方法、控制理论与方法、机器人导论、多智能体系统、分布式与并行计算等。

数学拓展知识：数学建模、矩阵计算、随机过程、组合数学、博弈论及其应用、时间序列分析等。

学科拓展知识：编译原理、随机算法、数据库概论、形式语言与自动机、计算机体系结构、软件体系结构等。

专业拓展知识：自动规划、归纳逻辑程序设计、学习理论导论、概率图模型、强化学习、神经网络、启发式搜索与演化算法、信息检索、语音信号处理、深度学习与应用、复杂结构数据挖掘等。

交叉复合知识：认知科学导论、神经科学导论、计算语言学、计算金融、计算生物学导论、智能硬件与新器件、传感器设计与应用、人工智能伦理等。

应用实践知识：智能系统设计与应用、智能应用建模、机器学习与系统平台、机器人系统开发、人工智能企业实训。

2019 年 9 月，西安交通大学人工智能学院出版了《人工智能本科专业知识体系与课程设置》，西安电子科技大学人工智能学院出版了《人工智能学院本硕博培养体系》，3 所学校的人工智能专业培养体系（知识体系）对国内正在快速发展的人工智能专业人才培养具有示范和引领作用。

3.4.4 人工智能通识教育

近几年，人工智能得到快速发展，并在教育、医疗、司法、金融等多个领域得到广泛应用，人工智能知识已成为各专业共同的基础知识。教育部在2018年4月发布的《高等学校人工智能创新行动计划》中明确要求“构建人工智能专业教育、职业教育和大学基础教育于一体的高校教育体系”“将人工智能纳入大学计算机基础教学内容”。即在高等学校，除了新开设“人工智能”专业外，还要面向所有专业讲授“人工智能”通识教学内容。

虽然一些中小学校近几年在探索开设人工智能课程或在信息技术课程中讲授人工智能内容，但更多的中小学校还没有真正落实人工智能教育。近几年入学的大部分大学生在中小学是没有学过人工智能知识的，因此在大学开设人工智能通识课或讲授相关内容是必要的。即使以后中小学生普遍接受了必要的人工智能教育，高等学校也需要在对接中小学人工智能教育的基础上，进一步开展更高层次的人工智能教育。

人工智能教育要与培养学生的数字素养与技能结合起来一体推进，高等学校人工智能通识课面向全体学生开设，其任务是激发学生对人工智能的学习兴趣；使学生了解人工智能的发展应用现状及未来趋势，掌握必要的人工智能方法及应用技术，能够独立或与人工智能专业人员合作融合人工智能技术解决本专业问题；理解人工智能发展给本专业发展及个人职业发展带来的机遇与挑战。

面向大学生的人工智能通识课程教学内容可以包括如下几个模块：

（1）人工智能的发展简史。主要包括人工智能的起源、人工智能的定义、人工智能的发展历程、人工智能的发展目标等内容。

（2）人工智能的应用。主要包括人工智能在博弈、定理自动证明、自然语言处理、计算机视觉、语音识别、智能机器人、自动驾驶汽车等领域的应用。结合学生所学专业，还可以介绍与学生专业相关的应用，如智慧教育、智慧医疗、智慧司法、智慧金融等。

（3）人工智能方法。主要介绍以k-近邻方法、决策树方法、贝叶斯方法、支持向量机为代表的分类方法，以k-均值方法、k-中心点方法、DBSCAN密度方法为代表的聚类方法，以多层神经网络为代表的深度学习方法。

（4）人工智能的未来发展趋势。主要介绍相关机构与专业人士对人工智能未来发展的展望、为保证人工智能安全、可靠、可控发展相关组织所制定的伦理规则、5G 对人工智能应用的助推作用。

（5）人工智能基础。主要介绍高性能计算机、大数据、高质量算法相关内容。近几年深度学习模型带来了人工智能的落地应用，而高性能计算机、基于互联网收集的大数据和高质量算法是训练深度学习模型的基础保障。

根据学生的不同基础与不同专业，可以对上述内容进行适当裁剪与补充，如果实验条件和教学时数允许，还可以开展必要的实践练习，通过编程实现机器学习方法、深度学习方法以解决一些合适的实际问题。

通过对上述教学内容的讲授、实践、讨论，引导学生了解人工智能的重要作用与未来发展趋势；理解人工智能系统的工作原理，进而思考用人工智能系统解决问题时的优势与不足；培养提高自己与人工智能系统互补的能力素质，在人机协同场景下，更好地发挥自己的优势，更好地适应未来职业发展的需要，为社会做出更大的贡献。

3.4.5 “四新”建设与人工智能

面对人工智能的快速发展和应用范围与深度的不断拓展，不仅要着力培养一大批能够开展人工智能基础研究、应用研究和产品研发的人工智能专业人才，还要培养更多的能够把人工智能产品应用于各行各业的人才，他们是既精通自身专业，又具备一定的人工智能知识与应用能力的复合型人才。

在人工智能系统、人工智能产品、智能机器人逐步广泛应用于各行各业的数字时代，为保证各专业学生毕业后能够更好地适应工作岗位对综合素质的新要求，近几年教育部和各高校积极推进“四新”建设，即新工科、新医科、新农科和新文科建设。“四新”建设除了各学科专业原有培养体系的改革创新外，还有一个重要方面，就是要把包括人工智能、大数据在内的新一代数字技术融入学科专业建设，以适应数字时代经济社会发展对高素质人才在数字技术知识、能力和思维上的新需求。

新工科建设主要从两个方面推进，一方面是设置和发展一批新兴工科专业，另一方面是推动现有工科专业的改革创新。大力发展大数据、云计算、物联网应用、人工智能、虚拟现实、基因工程、核技术等新技术和智能制造、集成电路、空天海洋、生物医药、新材料等新产业相关的新兴工科专业。更新改造传统学科专业，服务地矿、钢铁、石化、机械、轻工、纺织等产业转型升级、向价值链中高端发展。

新工科建设的目标是：促进学生的全面发展，把握新工科人才的核心素养，强化工科学生的家国情怀、全球视野、法治意识和生态意识，培养设计思维、工程思维、批判性思维和数字化思维，提升创新创业、跨学科交叉融合、自主学习、沟通协商能力和工程领导力。

近几年，新开设了一大批人工智能、数据科学与大数据技术、大数据管理与应用、物联网工程等新工科专业。对传统工科专业进行改造，开设了智能建造、智能交通、智能采矿工程、智能影像工程、智能测控工程、智能制造工程等专业。

新医科建设强调创新和智能，是传统医学与人工智能、大数据、机器人等数字技术的融合。在全球工业革命 4.0 和生命科学革命 3.0 的背景下，医疗逐渐向智能化方向发展，医学的目标从单纯的疾病诊治转向维护与促进健康。医学学科积极探索各具特点的新医科建设，例如，早在 2002 年上海交通大学医学院就开始探索临床医学专业“4＋4”培养模式，旨在培养具备扎实的自然科学或人文社会科学知识、基础和临床医学知识，具备医学创新意识和创新能力，综合素质高的复合型卓越医学创新人才。医学院结合学校在生物材料、人工智能及转化医学等领域的学科优势，开设“生物材料学”“大数据分析”“医学成像技术及应用”和“医用机器人技术”等医工交叉课程。

近几年，手术机器人、导诊机器人、康复机器人、医学影像智能分析系统、智能辅助诊疗系统、在线挂号系统、在线诊疗系统、自助交费系统等智慧医疗、智慧医院系统和产品已在部分医院应用。新医科建设就是要适应这种新变化、新需求，让学生在学好医学专业知识的同时，学习相关的人工智能、大数据知识，努力成为高素质的医护人员。

新农科建设的主要工作是构建农林教育质量新标准，基于农林产业发展前沿，基于生产生活生态多维度服务，基于新兴交叉跨界融合科技发展，优化增量，主动布局新兴农科专业，服务智慧农业、休闲农业、森林康养、生态修复等新产业、新业态发展；调整存量，用生物技术、信息技术、大数据技术、人工智能技术、工程技术等现代科学技术改造提升现有涉农专业，加速推进农林专业供给侧改革。

近几年，采摘机器人、施肥机器人、农药喷洒无人机、耕种用自动驾驶拖拉机、智能控制滴灌系统等智慧农业产品的应用越来越常见。新农科建设的目标就是培养出适应智慧农业发展的高素质农学人才。

新文科建设的主要任务是紧扣国家软实力建设和文化繁荣发展新需求，紧跟新一轮科技革命和产业变革新趋势，积极推动人工智能、大数据等数字技术与文科专业深入融合，积极发展文科类新兴专业，推动原有文科专业改造升级，实现文科与理工农医的深度交叉融合，不断优化文科专业结构，引领带动文科专业建设整体水平提升。

近几年，撰写新闻稿机器人、机器人律师、财务机器人、法庭审判辅助系统、机器翻译、自动文本分析、智能文物修复、自动语音记录等人工智能应用在提高工作效率、减轻工作人员负担的同时，也对工作人员提出了更高的要求。新文科建设旨在培养能够更好地适应岗位需求、综合素质高的文科人才。

3.5 人工智能给教育带来的机遇与挑战

随着人工智能的快速发展与广泛应用，经济社会发展对人才的综合素质提出了新要求，承担人才培养重任的教育要不断改革创新以适应这种新要求。

随着人工智能技术的不断发展和实用化，标准化、重复性、规则性的工作或工作环节将会逐步由人工智能系统完全取代，如车站、机场的安检工作，医院的挂号、收费工作，服务领域的客服工作，等等；还有一些工作将会被人工智能系统部分取代或辅助完成，如翻译、疾病诊断、新闻稿撰写等。就如同目前大多数工作场景需要计算机（网络）作为工作平台一样，以后各行各业的大多数工作场景都会有人工智能系统辅助。人机合作、人机协同是大势所趋，人工智能负责标准化、重复性、规则性的工作，人负责关键的创新性工作。以“画龙点睛”为例来说，常规性的“画龙”工作交给人工智能来做，最关键的“点睛”工作由人来做，既减轻了人的负担，又能大大提高工作效率。

人工智能的发展与应用，对所有人来说，既是机遇也是挑战，这里我们只讨论给教育的两个主要方面——教师和学生带来的机遇和挑战。

3.5.1 教师的机遇与挑战

有了智能教学辅助系统。课前，这位能干的助手能提供初步的教学设计方案，能及时提供需要的知识与文献资料，会根据教学内容自动设计（选择）课上练习题目与课后作业，能根据需要自动生成小测或考试试卷的初稿；课中，在智慧教室，智能设备会实时分析学生的学习状态，教师可据此及时调整讲课进度与讲课方式；课后，智能教学助手能帮助教师批阅作业、评阅小测，并对成绩进行多维度分析供教师参考。智能教学辅助系统将教师从重复性、事务性的工作中解脱出来，让老师们有更多的时间和精力改进教学设计方案、完善试卷题目、个性化辅导有需要的学生。这些都是人工智能给教师带来的机遇。

伴随机遇而来的挑战主要在两个方面：一是如何培养学生的创新能力；二是如何适应新的教学场景。

（1）如何培养学生的创新能力。在人工智能时代，有创新能力才有竞争力，培养学生的创新能力是教师的职责所在。但是，培养学生的创新能力，需要教师更新教学理念，改变重知识传授、轻能力素质培养的传统理念；需要教师主动更新知识结构，既要不断了解所主讲课程的新知识、新发展，也要把相关的人工智能知识融入课程；需要教师更新教学模式，改变传统的以教师讲、学生听为主的教学模式，引入慕课学习、翻转课堂、研讨式教学等新型教学模式，引导学生积极思考、踊跃发言。总之，需要教师在不断学习的基础上，具备先进的教学思想、丰富的相关知识、良好的课堂组织能力，这对于所有教师来说都不是一个轻松的挑战。

（2）如何适应新的教学场景。新的教学场景包括上课用的智慧教室、备课用的智能教学助手等。只有熟练掌握新的教学场景的操作使用方法，包括硬件的操作和软件的使用，才能发挥出其应有的效用，这对于所有教师，特别是中老年教师还是有一定挑战性的。

《人工智能时代的教育革命》的作者王作冰认为，人工智能的发展给劳动者提出了新的素质要求，只有前瞻性改革教育模式，才能培养出符合智能时代要求的劳动力。他还提出了 10 个方面的教育改革建议：

从边缘到主流：让 AI 教育走进课堂，在中小学开设人工智能与编程课程，并在教学中重视青少年创造力的培养。

从动脑思考到动手思考：让孩子们在“做中学，玩中学”，重视动手思考。孩子们小时候习惯于和机器一起愉快玩耍，长大了就能和机器一起高效工作。

从平均主义到一专多能：在具备多方面基本知识与能力的基础上，依据孩子的兴趣和热情开发其在某一方面的专长，有专长才有竞争实力。

从管理孩子到领导孩子：要从以教师为中心，以管束孩子为主的“管理孩子”模式，改变为以学生为中心，以启发引导为主的“领导孩子”模式，教师、家长要平等地和学生讨论交流，做到言传身教。

从标准化到非标准化：智能时代需要各具特色的创新人才，改标准化教育为个性化教育，发现并培养每位学生的特长。

从好成绩到好问题：在重视学好知识、取得好成绩的同时，要鼓励学生提出好问题，提出好问题意味着有深入思考，深入思考是创新的基础。

从温室到社群：引导学生积极参加社群，主动与人交流，培养沟通交流能力、合作能力、团队意识。

从重理轻文到文理兼修：重视综合素质的培养，文理知识、琴棋书画、诗词歌赋，各科知识最好都学一点儿。

从主课教学到专题学习：主课教学是指传统的面向知识的课程学习，专题学习是指为解决某个问题把多方面知识融合在一起的学习，学以致用。

从赢在起跑到赢在长跑：和“不要让孩子输在起跑线上”相比，更重要的是培养孩子终身学习的兴趣和能力。

以上 10 个方面改革的目标就是培养学生的创新能力、沟通能力和学习能力，以适应智能时代的要求。

3.5.2 学生的机遇与挑战

有丰富的线上线下教学资源可选，可以反复回看老师的讲解；学习上遇到问题，能够得到教师或机器人教师的个性化指导；能够得到符合自己学习进度与理解程度的个性化学习内容与相应的练习题目，对于做错的题目，会得到有针对性的分析与指导；可以和学伴机器人共同学习和讨论，增加学习兴趣；等等。这些都是人工智能给学生带来的机遇。

相对于人工智能，人的优势在于具有创新能力、沟通能力和学习能力。对学生来讲，人工智能带来的挑战主要在于如何提升自己的创新能力、沟通能力和学习能力，更好地适应未来人机合作、人机协同的工作场景，并在其中发挥主导作用。

学生在学习阶段要注意处理好如下几对关系：

(1) 在线学习与传统学习的关系。随着智慧教育的不断推进，慕课资源越来越丰富，在线学习的比重逐步提高。在线学习具有灵活、方便、资源丰富，时时可学、处处可学的优点，但也有知识碎片化、缺少师生和生生之间面对面交流讨论等方面的不足。知识碎片化导致学生对知识的理解不深刻、不系统，师生和生生间面对面交流讨论不足，对思维和沟通能力的训练不够。这些都不利于创新意识和创新能力的培养。要正确处理好在线学习与传统学习（面对面听老师讲课、认真看书、深入思考、积极讨论）的关系，做到线上学习与线下学习优势互补，注重沟通能力的培养和思维训练，提升创新能力。

(2) 知识学习与思维训练的关系。随着智慧教育的不断演进，智能学习助手、教育机器人、智能学伴等会逐渐成为学习的工具，一些知识性内容随查随得，甚至在“觉察”到我们需要的时候，机器人会主动提供。传统上需要记忆的概念、定理、知识不用记了。但是学习一门课程的知识也好，学习一个专业的知识也好，适当的记忆还是必要的，缺乏在理解基础上的记忆，很难建立起一门课程或一个专业的知识体系，知识体系建立不起来，创新就失去了根基。

创新的基础是知识与思维，既要重视掌握系统的理论知识，又要重视开放思维的训练，知识学习与思维训练并重。学习过程中的深入思考，既能学好理论知识，也能训练思维。俗话说："锄头不用要生锈，大脑不用会迟钝。"大脑是越用越聪明，越用思维越开放。人们评价一个人"聪明"，往往是指其遇事点子多、思维活跃。学习时，多思考，多问几个为什么，与老师、同学多讨论，甚至辩论，能够相互启发思维，相互激发灵感。

（3）专业知识与人工智能知识的关系。无论学哪个专业，专业知识、专业能力、专业素养是基础本领，但在智能时代，问题的解决往往需要多学科知识的交叉融合，包括与大数据、人工智能等信息技术知识的交叉融合。信息技术已成为解决各领域问题的基础技术、通用技术，因此，应处理好专业学习与计算机知识学习的关系，在学好专业知识的同时，学习必要的计算机知识（人工智能知识），并将其深度融合以解决实际问题。

人工智能时代的学习，既需要按教学计划、培养体系的标准化学习，也需要按自己兴趣和特长的个性化学习，个性化学习需要学生自己选择学习内容和学习方式。学习能力是人的一大优势。

（4）第一课堂学习与第二课堂学习的关系。第一课堂学习是指教学计划之内的学习，主要包括按课表上课、按要求写作业等学习方式；第二课堂学习是指教学计划之外的学习，主要包括学科竞赛、科研训练、社团活动等形式。虽然说学生的主要任务是学习，但学习不仅限于课堂学习，参加学科竞赛、科研训练、社团活动等也是学习，在这些学习活动中，确定题目、组织讨论、设计方案、请老师指导、办理报名参赛手续等都需要同学们自己主导完成，这对于深入理解所学知识、提升分析解决实际问题的能力、培养沟通交流能力、训练思维都是有很大帮助的。当然第二课堂学习要以第一课堂学习为基础，两大课堂互动、互补、互融是提高创新能力的有效路径。

作为学生，特别是大学生，处理好上述几对关系，就能不断提高自己的创新意识与创新能力，就能在求职创业时具有较强的竞争实力，就能更好地以人机协同的方式高质量完成学习任务及将来的岗位工作。

上海交通大学人工智能研究院常务副院长杨小康教授对于人工智能时代的教育与学习提出了5条建议，值得老师、家长和学生本人参考借鉴：

（1）在识字、表达流畅的基础上，将语言学习与其他社会科学学习结合，形成人文社科的整体思维训练方式，提升学生对自身和社会的思考深度、广度和厚度。

（2）数学在理解基本运算规则定理的基础上，重视将实际问题转化为数学语言的能力，学生要具备“算”的技能，更要具备“数”的逻辑。

（3）给孩子充分的时间，引导孩子学会从观察中提问。人工智能时代，“会提问”必定比“会解题”重要；不仅要懂得“解空间”的求解，更要懂得“问题空间”的求索。

（4）不影响孩子健康成长的任何兴趣都应给予支持。兴趣是创新的源动力，只有不断鼓励孩子的兴趣发展，才能使孩子找到真正的持久的兴趣，进而在未来快乐地生活并创新。

（5）让孩子懂一点儿人工智能，具备与人工智能携手工作、共同创造的能力。然而，毕竟不是人人都要成为人工智能的专业人才，尊重孩子的个性特点，让教育帮助每个孩子找到自己的兴趣，才可能不被人工智能堵住成长的空间。

第 4 章　智慧医疗

健康是促进人的全面发展的必然要求，医疗卫生关系亿万人民的健康。医疗卫生是公共卫生和医疗服务的统称，涉及公共卫生服务、医疗服务、药品供应服务、健康促进服务等。在医疗卫生领域，与人们（特别是老年人）日常生活最密切相关的就是医院和药店。身体不舒服了，或者到药店买些药，或者到医院门诊看医生，或者住院治疗。近两年防控新冠肺炎疫情，人们对各级卫健委（卫生健康委员会的简称）和疾控中心（疾病预防控制中心的简称）有了更多了解。人工智能、大数据、物联网、5G 等新一代信息技术在医疗卫生领域的应用，催生出智慧医疗。智慧医疗的发展对于提高人民健康水平、促进经济社会高质量发展将会发挥重要推动作用。

4.1　智慧医疗的应用

4.1.1　智慧医疗应用案例

2021 年 5 月 24 日的《人民日报》报道了两个较为典型的智慧医疗案例。

案例 1：家住北京市昌平区的吴女士是一位高血压患者，行动不便但需定期随访和取药，经常要赶到 40 多千米外的首都医科大学附属北京朝阳医院复诊。在得知北京朝阳医院互联网医院开通了在线复诊服务功能后，吴女士在家尝试通过“朝阳健康云”应用，预约了心内科的在线复诊号。心内科医生详细询问了吴女士症状，根据既往病历，为她开具了药品处方及检查医嘱。短短 10 分钟，吴女士就完成了挂号、复诊、开具在线医嘱的流程。北京朝阳医院共计上线呼吸科、心内科、内分泌科、消化内科等 19 个科室 263 位医生，累计完成近万人次的在线复诊服务，开具处方 5000 余张。

“朝阳健康云”基于互联网和云计算技术实现了在线诊疗，当然并不是所有诊疗都适合在线进行。但对于案例中的吴女士这种慢性病的复诊，由于已经有了前期线下面对面直接问诊的基础，线上诊疗还是比较合适的，既能让医生较好地完成了解病症变化、提醒注意事项、开具药品处方等诊疗工作，也节省了患者去医院的出行和时间成本。对于患有高血压、糖尿病等常见慢性病，行动不便但又需要经常跑医院的老年患者来说，这种线上线下相结合的诊疗方式，既能保证诊疗质量，又大大减少了出行负担，充分体现了以人为本的服务理念。

案例 2：北京市平谷区马坊镇社区卫生服务中心是一家典型的基层医疗机构，日均门诊量 300 人左右。虽然基层医院人手紧张，但这里忙而不乱。在人工智能临床辅助决策系统的帮助下，医生可以方便快捷地进行疾病查询、检查查询、用药查询、知识查询等。由百度公司开发的这套临床辅助决策系统，包含了辅助问诊、辅助诊断、治疗方案推荐、相似病历推荐、医嘱质控、病历内涵质控、医学知识查询等七大板块，系统通过深度学习海量教材、临床指南、药典及三甲医院优质病历，使多种常见疾病的最优知识库以及专家的经验得以复制、沉淀。这一系统已在平谷区的 18 家基层医疗机构落地，成为 200 多位基层医生的得力助手。

这个案例较好地体现了人工智能在临床医疗工作上的应用与应用效果。由于基层医疗水平相对弱一些，随着生活水平的提高和对自身健康重视程度的提高，多数患者更愿意到拥有优质医疗资源的大医院看病，以获得高水平的专业诊疗。这导致去基层医院的患者很少，医疗资源闲置；大医院则常态性的人员超多，医护人员超负荷工作。“看病难、看病烦”的问题长期得不到有效解决。人工智能技术与临床医疗工作的深度融合，临床辅助决策支持系统等智慧医疗系统的应用，能够较快地提升基层医院的医疗水平，等于是在较短时间内为基层医院补充增加了优质医疗资源，会吸引越来越多的患者到基层医院就诊，这对于实现分级诊疗、有效缓解“看病难、看病烦”问题将发挥重要作用。

4.1.2 智慧医疗的含义

以上两个案例展示了智慧医疗的典型工作场景：拓展医院的线上诊疗功能，实现线上线下相结合的诊疗方式，方便患者就诊；提升基层医院的医疗水平，在智慧医疗系统的协助下，使更多的基层医院医生达到专家水平。智慧医疗（智慧医院）的基本含义是，推动互联网、物联网、云计算、大数据、人工智能、区块链、5G 等信息技术与医疗（医院）工作的深度融合，实现诊断治疗、医务服务和医院管理的智能化，为患者提供更高质量、更高效率、更加安全、更加体贴的医疗服务。

智慧医疗的优势主要体现在几个方面：首先，智慧医疗能够减轻医护人员的工作压力，使他们逐步回归合理的工作量，能有更多的时间和精力研究患者病症；其次，智慧医疗能够使患者得到更细致、更充分的个性化诊疗和照护，提升其就诊满意度；再次，智慧医疗有利于建立更为和谐满意的医患关系。

4.2 推动智慧医疗的政策措施

4.2.1 “健康中国 2030”规划纲要

2016 年 10 月，中共中央、国务院印发《“健康中国 2030”规划纲要》，其中与智慧医疗直接相关的内容有如下几点：

（1）启动实施脑科学与类脑研究、健康保障等重大科技项目和重大工程，加强慢病防控、精准医学、智慧医疗等关键技术突破。

（2）全面建成统一权威、互联互通的人口健康信息平台，规范和推动“互联网＋健康医疗”服务，创新互联网健康医疗服务模式，持续推进覆盖全生命周期的预防、治疗、康复和自主健康管理一体化的国民健康信息服务。实施健康中国云服务计划，全面建立远程医疗应用体系，发展智慧健康医疗便民惠民服务。

（3）加强健康医疗大数据应用体系建设，推进基于区域人口健康信息平台的医疗健康大数据开放共享、深度挖掘和广泛应用。

人工智能的研究目标就是让机器拥有类似于人的智能，脑科学和类脑研究能够深入揭示人脑的工作原理，促进人工智能研究不断有新的突破和进展，进而进一步促进智慧医疗的发展。互联网健康医疗、远程医疗、医疗健康大数据应用都是智慧医疗涵盖的重要内容，做好这些工作就是在逐步实现智慧医疗。

4.2.2 新一代人工智能发展规划

2017 年 7 月，国务院印发《新一代人工智能发展规划》，把智能医疗作为一种需要重点发展的智能服务列出，并给出了智能医疗的发展重点：推广应用人工智能治疗新模式、新手段，建立快速精准的智能医疗体系。探索智慧医院建设，开发人机协同的手术机器人、智能诊疗助手，研发柔性可穿戴、生物兼容的生理监测系统，研发人机协同临床智能诊疗方案，实现智能影像识别、病理分型和智能多学科会诊。基于人工智能开展大规模基因组识别、蛋白组学、代谢组学等研究和新药研发，推进医药监管智能化。加强流行病智能监测和防控。

4.2.3 关于促进“互联网＋医疗健康”发展的意见

2018 年 4 月，国务院办公厅印发《关于促进“互联网＋医疗健康”发展的意见》，其中与智慧医疗密切相关的一条内容是推进“互联网＋”人工智能应用服务。包括如下两项主要工作：

（1）研发基于人工智能的临床诊疗决策支持系统，开展智能医学影像识别、病理分型和多学科会诊以及多种医疗健康场景下的智能语音技术应用，提高医疗服务效率。支持中医辨证论治智能辅助系统应用，提升基层中医诊疗服务能力。开展基于人工智能技术、医疗健康智能设备的移动医疗示范，实现个人健康实时监测与评估、疾病预警、慢病筛查、主动干预。

（2）加强临床、科研数据整合共享和应用，支持研发医疗健康相关的人工智能技术、医用机器人、大型医疗设备、应急救援医疗设备、生物三维打印技术和可穿戴设备等。顺应工业互联网创新发展趋势，提升医疗健康设备的数字化、智能化制造水平，促进产业升级。

该文件进一步明确了智慧医疗的工作重点与发展方向，一是研发人工智能辅助诊疗系统，另一个是研发医用机器人等智能医疗设备。智能辅助诊疗系统偏重于软件功能，即基于对专家医生疾病诊疗经验的科学总结，或是对大量医学知识、电子病历等“数据”的学习分析，研发出具有专家级水平的辅助诊疗系统，辅助医生（特别是青年医生或基层医院医生）进行疾病的诊疗。智能医疗设备软硬件并重，安全、可靠的智能医疗设备是提高检查和手术精准度的重要基础。高精准度的检查结果有助于准确判断病情、准确定位病灶，据此才能制订出科学合理的治疗方案。高精准度的手术能够减少对病人的创伤，有利于身体的尽快恢复，能够缩短住院时间，节省治疗费用，节约医疗资源。

4.2.4 关于进一步完善预约诊疗制度加强智慧医院建设的通知

2020 年 5 月，国家卫生健康委办公厅发出《关于进一步完善预约诊疗制度加强智慧医院建设的通知》，强调要创新建设完善智慧医院系统，结合医院信息化建设实践，建立医疗、服务、管理“三位一体”的智慧医院系统，进一步发挥信息技术在现代医院建设管理中的重要作用，不断提高医院治理现代化水平，形成线上线下一体化的现代医院服务与管理模式，为患者提供更高质量、更高效率、更加安全、更加体贴的医疗服务。

具体任务如下：

（1）以“智慧服务”建设为抓手，推广手术机器人、手术导航定位等智能医疗设备研制与应用，推动疾病诊断、治疗、康复和照护等智能辅助系统应用，进一步提升患者就医体验。

（2）以“电子病历”为核心，进一步夯实智慧医疗的信息化基础。进一步推进以电子病历为核心的医院信息化建设，发挥智能化临床诊疗决策支持功能，全面提升临床诊疗工作的智慧化程度。

（3）以“智慧管理”建设为手段，利用互联网、物联网等信息技术，实现医院内部信息系统的互联互通、实时监管，进一步提升医院管理精细化水平。

医院的信息化水平是建设智慧医院的重要基础，医院的信息化建设进程和其他领域的信息化建设进程大致是一样的，也是经历了计算机单机应用、计算机联网应用，再到大数据、人工智能的应用。信息化建设既为智慧医院建设打下计算机软硬件和网络基础，更是全面培养提高医护人员、管理人员的数字素养和计算机应用水平的过程，这是保证智慧医院发挥出应有作用的重要因素。

经过多年不断推进的医院信息化建设，特别是近几年大数据、人工智能、物联网的应用，部分医院已初步具有了智慧医院的特征，患者初步体验到了信息化带来的就医便利。前面介绍的智慧医疗案例中百度公司开发的临床辅助决策系统就是一款已经得到应用的智能诊疗助手，手术机器人也已用于部分医院的临床手术，人工智能辅助影像识别在部分医院得到应用，相当一部分医院已开通网上预约挂号、自助挂号、自助交费、手机查看检查结果、自助打印病理报告等功能，这些都属于智慧医院的范畴。当然，总体上看，目前的智慧医院还处于发展初期，还需要把更多的人工智能技术应用于医院医疗、服务、管理的更多环节，不断提高医院的智能化水平，让患者体验到更高水平的疾病诊疗、更精细的医护服务、更便捷的手续办理。

需要说明的是，智慧医疗和智慧医院或许会出现在不同的文件或不同的上下文语境中，但它们的含义是基本相同的。医疗工作主要是在医院开展，医院的主体工作就是医疗，所以智慧医疗的建设内容和智慧医院的建设内容大体是一致的。

4.2.5 重庆市智慧医疗工作方案（2020—2022年）

2020年8月，重庆市人民政府办公厅印发《重庆市智慧医疗工作方案（2020—2022年）》。在总体要求部分提出：到2022年，全面建成智慧医疗基础体系，健康医疗大数据全面汇聚和标准化，卫生健康信息资源体系和共享开放机制基本建立，卫生健康数据实现互联互通、业务共享协同，建成国内领先的智慧医疗应用示范城市和医疗智能产业基地。

为实现上述目标，工作方案提出如下三项重点任务：

（1）完善智慧医疗基础支撑体系。包括建立“卫生健康云”、完善全民健康信息数据库、构建卫生健康信息智能网、建立卫生健康数据安全体系等工作。

（2）深化智慧医疗应用体系。包括加强智能化行业管理服务应用、推动智能化公共卫生服务、创新智慧医疗服务应用、推广个性化健康管理服务应用等工作。

（3）打造智慧医疗产业体系。包括培育健康医疗信息服务新业态、壮大健康医疗信息技术新产业等工作。

以实施智慧医疗大数据资源池工程、公共卫生与疾病防控智能化工程、医疗辅助诊断与医学教育智能化工程、智能医疗器械与设备应用工程等4大工程为抓手，促进智慧医疗基础设施建设、智慧医疗技术开发应用、智慧医疗产业高质量发展。

这个文件是重庆市政府专门针对智慧医疗出台的工作方案，其目标是建成国内领先的智慧医疗应用示范城市和医疗智能产业基地。所以其工作思路、重点任务、重点工程对于理解智慧医疗的内涵以及智慧医疗的未来发展趋势有较好的参考价值。

4.3 智能导诊与辅助诊疗

4.3.1 申康医联工程AI应用

“申康医联工程”是指由上海申康医院发展中心组织建设，旨在申康内部市级医院实现临床信息共享的医联工程，2006年10月启动，2008年基本完成。工程涉及的各家医院的临床信息交换平台可以实现检查检验结果、门诊处方、住院病案首页等临床信息的共享。上海市持社保卡就医的患者在这些医院就医时，获得授权的医生就可以通过医生工作站调阅该患者近一个月来在本院以及其他医院的就诊记录、门诊处方、住院病案首页、检查检验结果，并可以调阅到部分医学影像数据。这使医生在卫生行政部门有关医学检查检验互认的有关规定下，对其他医院的检查检验结果进行互认，以减少不必要的重复检查检验，在一定程度上解决“看病贵”的问题。

“申康医联工程AI应用”已在上海申康医院发展中心实际应用，发布在“申康便民”APP及微信公众号“上海市互联网总医院”中。该应用提供一种智能导医导诊方法，根据用户的登录信息和授权信息，获取用户在区域卫生平台的健康档案数据，进而得到用户的患者健康画像；通过智能人机对话，获取用户的当前症状描述，再结合用户的患者健康画像得出疑似病情诊断；根据用户的疑似病情诊断结果和申康医联网医院各位医生的专长画像，向用户推荐合适的医生，并且做到了“常见病就近推荐基层医院，疑难病精准推荐合适的医院和医生”。

医联工程建设实现了申康内部市级医院之间临床信息的共享和检查检验结果的互认，减少了不必要的重复检查检验，不仅节省了患者的医疗费用和就医时间，还能在一定程度上缓解医院医疗资源的紧张状态，也为智慧医疗打下了重要基础。没有医疗信息的共享，很难形成患者健康变化和病情发展的大数据，没有患者健康大数据做基础，很难实现智慧医疗。而以医疗信息的共享互认为基础的智慧医疗是解决“看病贵，看病难，看病烦”问题的有效手段。

4.3.2 智医助理的推广应用

“智医助理”是科大讯飞公司与清华大学联合研发的一套辅助医生诊疗的智能系统，通过基于神经网络的深度学习模型，系统学习了53本国内外权威医学教材、40万字的疾病指南、国内顶尖医疗机构脱敏的患者就诊数据等医疗资料。另外，系统还融合了“讯飞医学知识大脑”，具备了医学知识的学习、理解和推理能力。

从2018年起，安徽省就在部分地区的基层医疗机构试点应用“智医助理”，截至2019年底，全省已在55个县完成了“智医助理”系统的部署。使用“智医助理”的医生达到 30 323 人，提供辅助诊断 1608.3 万次，慢病服务居民 670 万人次，协助基层医生完成 1270.9 万份电子病历，电子病历规范率达到 81.9%。“智医助理”已逐步成为基层医生的必备助手。

“智医助理”就是智能医生助理，是智慧医疗的重要抓手。“智医助理”具备丰富的医学知识和一定的推理能力，而且具有学习能力，并能够随着辅助诊疗经历的增加不断提高自身水平。可以为医生提供查询医学知识、推送类似病患的病历、生成电子病历、提出初步诊断意见等服务，辅助医生做出更为准确的诊断和制订更为科学的治疗方案；还可以辅助基层医院医生与上级医院医生的联系、会诊及病人转院等工作。有了“智医助理”一类的辅助诊疗系统（或以安装在计算机上的软件形式出现，或以机器人形式出现），能够较快地提升基层医院医生的诊疗水平，让患者就近享受到较高水平的诊疗。

4.4 医用机器人

医用机器人是指用于医院等医疗机构中的医疗或辅助医疗机器人，是一种智能型服务机器人。医用机器人可以分类为外科手术机器人、康复医疗机器人、护理机器人、检查诊断机器人、医用教学机器人、导诊机器人等。其中，外科手术机器人和导诊机器人已在部分医院应用。

在大约 200 年的发展历程中，外科手术在疾病治疗中发挥着越来越重要的作用，也逐渐衍生出了普通外科、心脏外科、神经外科、胸外科、泌尿外科、整形外科等细分外科。外科手术也经历了传统开放手术、微创手术、机器人手术的发展过程。传统开放手术可能需要开胸、开颅，对患者来说创伤大、出血多、疼痛重、恢复慢，医生的工作强度和工作量也大。微创手术借助腹腔镜、胸腔镜等医疗设备进行，创伤小、出血少、疼痛轻、恢复快，也能够降低医生的工作强度。机器人手术在腹腔镜、胸腔镜微创手术的基础上进一步减小创伤、减少出血、减轻疼痛、加快恢复，能够提高手术质量、减轻医生工作量，还能实现基于网络的远程手术。

目前国际上应用较多的医用机器人是产自美国的达芬奇手术机器人，国产医用机器人有“睿米”神经外科手术机器人、“天玑”骨科手术机器人、“晓医”导诊机器人等。

4.4.1 美国产达芬奇手术机器人

达芬奇手术机器人的技术源于美国斯坦福研究院（SRI）在20世纪80年代末研发的微创外科手术机器人，当初的研发预期是通过遥控战地手术机器人，对战场上的受伤士兵进行远程手术。1995年，美国直觉外科公司（Intuitive Surgical）成立，并获得了斯坦福研究院的技术授权，在此基础上对手术机器人不断改进和进一步研发。

1999年，美国直觉外科公司研制出第一代达芬奇机器人外科手术系统（简称达芬奇手术机器人），并在2000年获美国FDA（食品药品监督管理局）批准，达芬奇手术机器人成为世界上第一个机器人腹腔镜手术系统。2006年推出第二代手术机器人，增大了机械手臂的活动范围，允许医生在不离开控制台的情况下进行多图观察。2009年推出第三代手术机器人，增加了双控制台、模拟控制器、术中荧光显影技术等功能。2014年推出第四代手术机器人，灵活度、精准度、成像清晰度等方面有了质的提高，还配备了远程观察和指导系统。目前，达芬奇手术机器人已经发展到第五代。

达芬奇手术机器人是世界各地医疗机构引入最多的手术机器人，据不完全统计，从20世纪90年代至今，美国共生产了5000多台达芬奇手术机器人，其中我国引进了200多台，用于普通外科、泌尿外科、心脏外科、胸外科、妇科等多领域的高难度手术。

达芬奇手术机器人的设计理念是通过微创方法实施复杂的外科手术，是对胸腔镜、腹腔镜的升级。达芬奇手术机器人系统由三部分组成：外科医生控制台、床旁机械臂系统和成像系统。

外科医生控制台：控制台位于无菌手术室外面，主刀医生坐在控制台旁，用双手（通过操作两个主控制器）及脚（通过脚踏板）来控制操作器械和一个三维高清内窥镜。手术器械尖端与外科医生的双手同步运动。

床旁机械臂系统：是手术机器人的操作部件，位于无菌手术室内的病床

（手术台）旁，其主要功能是为机械臂和摄像臂提供支撑。助手医生在床旁机械臂系统旁工作，负责更换手术器械和内窥镜，协助主刀医生完成手术。为了确保患者安全，助手医生比主刀医生对于床旁机械臂系统具有更高级别控制权。

成像系统：内部装有手术机器人的核心处理器以及图像处理设备。手术机器人的内窥镜为高分辨率三维镜头，对手术视野具有 10 倍以上的放大倍数，能为主刀医生带来患者体腔内三维立体高清影像，使主刀医生较普通腹腔镜手术更能把握操作距离，更能辨认解剖结构，提升了手术精准度。

2006 年，解放军总医院（301 医院）最先引入了当时世界上最先进的四手臂“达芬奇 S”机器人手术系统，并在 2007 年 1 月 15 日进行了中国第一例机器人不开胸心脏手术，开创了中国机器人心脏外科领域的先河。2008 年 6 月 301 医院创建了国内第一个微创机器人心脏外科中心，运用达芬奇手术机器人进行先天性心脏病、瓣膜病、冠心病、心包疾病、纵隔肿瘤等疾病不开胸心脏手术。

2019 年 9 月 24 日，全国首台第四代达芬奇手术机器人在哈尔滨医科大学肿瘤医院正式“上岗”，并成功进行了一例肺部肿瘤切除手术。在手术中，仅在患者的胸部开了 3 个钥匙孔大小的操作孔和 1 个约 3 厘米的辅助操作口，将机器人的手臂放置在患者胸腔内，人体胸腔通过摄像头形成的三维成像被放大 10～15 倍，主刀医生坐在操控台前，通过控制杆进行操作，应用比手腕还灵活的机器人操作手术器械，顺利切除了患者的肺部肿瘤。

2019 年 12 月 19 日上午，河北医科大学第四医院（河北省肿瘤医院）举行了达芬奇手术机器人开机仪式，这是河北省医疗机构引入的第一台达芬奇手术机器人，属于第四代产品。在手术机器人的试运行阶段，医院已成功进行了 11 例机器人手术，并于开机仪式当日下午顺利进行了第 12 例手术。

2021 年 11 月 5 日，在上海开幕的第四届中国国际进口博览会（上海进博会）上展示了一款目前世界上最先进的达芬奇手术机器人。这款手术机器人最大的改进是可以实施单孔手术，即只需要在患者身体上打开一个 2 厘米的单孔就可以进行手术，进一步减轻了对患者的创伤，术后伤口愈合、身体恢复更快。

达芬奇手术机器人的功能、性能都很好，但也许有读者会问：为什么叫达芬奇手术机器人？是那位大画家达·芬奇吗？是的，就是那位画出经典画作《蒙娜丽莎》的“文艺复兴三杰”之一的列奥纳多·达·芬奇（Leonardo da Vinci，1452—1519）。

达·芬奇学识渊博，不仅擅长绘画（被认为是有史以来最伟大的画家之一），其研究兴趣涉及很多领域，包括雕塑、建筑、科学、音乐、数学、工程、文学、解剖学、地质学、天文学、植物学、古生物学和制图学等。基于对人体解剖学的研究，达·芬奇大约于1495年设计了仿人机器人，设计手稿直到20世纪50年代才被发现。意大利工程师根据达·芬奇留下的草图苦苦揣摩，耗时15年制造出被称作“机器武士”的机器人。达·芬奇设计的机器人是历史上有记载的第一个机器人，而且是在研究人体解剖学的基础上设计的，所以世界上第一个外科手术机器人命名为达芬奇手术机器人。

4.4.2 国产医用机器人

1. “睿米”神经外科手术机器人

2018年4月13日，北京柏惠维康科技有限公司“睿米”神经外科手术机器人（Remebot）正式通过CFDA（国家食品药品监督管理总局）三类医疗器械审查，成为国内首家正式获批的神经外科手术机器人（神经外科手术导航定位系统）。

人的大脑结构复杂，血管、神经线密布，素有“生命禁区”之称，手术稍有不慎就有可能危及生命或留下严重的后遗症。如果能够实现精准手术，将会有效降低手术风险。“睿米”作为脑外科手术的“GPS”（定位）系统，可以帮助医生在不开颅的情况下定位到患者颅内的细微病变，实现精准的微创手术。整个系统定位精度可达到1毫米，创口只有2毫米，术后观察2～3天即可出院。通过CFDA审查前，“睿米”手术机器人已成功应用于脑出血、帕金森、癫痫等疾病的治疗中。临床实验由北京天坛医院牵头，联合北京宣武医院、解放军总医院（301医院）、郑州大学第一附属医院等多家医院共同完成。

2019 年 10 月，解放军总医院（301 医院）神经外科完成全国首例 5G 通信支持下的“睿米”手术机器人辅助远程脑深部电刺激（DBS）手术，专家借助远程手术平台控制机器人完成手术规划、自动注册、自动定位、术中电生理监测等重要环节，术后医学影像复查显示双侧电极植入精度完全符合临床标准。

2021 年 7 月 15 日，黑龙江省首台“睿米”神经外科手术机器人亮相哈尔滨医科大学第四医院，并成功完成两台机器人辅助经皮穿刺三叉神经球囊压迫手术和一台脑脓肿穿刺引流手术。

截至 2020 年 3 月，“睿米”手术机器人已陆续在全国 56 家三甲医院开展临床手术。“睿米”已成功应用于脑出血钻孔引流术、脑脓肿钻孔引流术、深部脑肿瘤活检术、三叉神经痛球囊压迫术及帕金森、癫痫等疾病的治疗中，取得良好效果。

2020 年 3 月，RM-200 型手术机器人（神经外科手术导航定位系统）正式获得 NMPA（国家药品监督管理局）第三类医疗器械注册证，成为北京柏惠维康科技有限公司第二款上市的手术机器人产品。

2. “天玑”骨科手术机器人

据《广州日报》报道，2018 年 6 月，一例“天玑”机器人辅助腰椎内固定手术在广东省中医院完成。患者患有腰椎Ⅱ度以上退行性滑脱，传统手术，医生要对患者实施全麻，腰部开大切口，剥开皮肤、肌肉直到暴露椎弓根，再摘掉压迫神经的椎间盘组织，扩大神经管解除压迫，关键是植入椎间融合器或自体碎骨，放置椎弓根钉连接棒拧紧，最后再缝合伤口。

由于神经密集，腰椎手术风险较大，稍有不慎就可能导致患者腰部以下瘫痪。借助“天玑”骨科手术机器人，可以大大降低手术风险和缩短手术时间，一台腰椎内固定手术，只用了传统手术 2/3 的时间就完成了。

“天玑”骨科手术机器人系统由机械臂主机、光学跟踪系统、主控台车构成。光学跟踪系统就像是机器人的“透视眼”，不仅透视洞察着肌肉骨骼的每一个深处，还实时监控每一个手术环节；机械臂就是机器人的“稳定手”，运动灵活、操作稳定，能达到亚毫米的精度；而主控电脑系统就等于机器人的大脑，将医生的想法传达给机械臂主机和光学跟踪系统。2016 年 11 月，“天玑”取得了 CFDA（国家食品药品监督管理总局）颁发的医疗器械注册许可证。

2021 年 3 月，北京积水潭医院专家通过 5G 网络成功帮助远在安徽省宿州市第一人民医院的跟骨骨折患者完成了左跟骨闭合复位拉力螺钉内固定手术。手术是在“天玑”骨科手术机器人的辅助下完成的。手术开始前，积水潭医院的专家与宿州市第一人民医院医生通过积水潭医院“天玑”骨科手术机器人远程手术信息平台对患者手术方案进行了线上讨论和会诊。手术中，宿州市第一人民医院采集患者术中三维影像后传输到积水潭医院，积水潭医院专家通过“天玑”骨科手术机器人平台完成了远程手术规划，并操控异地机器人进行了手术三维定位。在双方密切配合下，“天玑”骨科手术机器人成功为患者置入了 1 枚螺钉，手术获得圆满成功。

前面介绍的达芬奇手术机器人是专攻软组织的，用于腹腔、胸腔手术，擅长缝合与剥离，但看不见深部组织。“天玑”手术机器人专攻硬组织，是世界上唯一针对骨骼硬组织，能够开展脊柱全节段、骨盆、四肢骨折等创伤骨折、骨肿瘤手术还有关节导航的骨科手术机器人。

3. “晓医”导诊机器人

2018 年 8 月 9 日，导诊机器人“晓医”在山西省人民医院“上岗”，“晓医”主要为患者提供咨询、预检一站式服务，包括医院介绍、智能导航、预检分诊、时间查询等服务。对于“中医科怎么走?”“我肚子疼该挂哪个科?”“明天几点能挂号?”之类的问题，“晓医”都能及时准确回答：“中医科在门诊三楼。”“肚子疼建议挂消化科或消化内镜科，或普通外科。”“挂号时间为早 7 点至中午 12 点，下午 2 点至 6 点。”

除了人机语音对话，患者还可通过“触屏”方式咨询，点击屏幕中显示的不适部位，如头部、颈部、胸部、腹部、腿部等，再点击相关症状问题，“晓医”就可以提示患者应当选择的挂号科室，实现智能分诊。

2019 年 1 月 31 日，一台科大讯飞人工智能导医导诊机器人“晓医”（3.0

标准版）在河北省武安市第一人民医院正式“上岗”。这款“晓医”机器人身高 1.5 米，胸部是一块触控屏幕，屏幕下方是身份证、医保卡读卡区及数字键盘，屏幕上方及头部共安装有 3 只人脸识别摄像头，腹部为单据打印出口，腿部则安装有 4 只感应雷达。

在医院，导诊人员的日常工作就是每天重复回答诸如“心内科在几楼”“CT 室在哪”“头疼挂哪个科哪位专家的号”之类的问题，这种工作单一、枯燥、重复，不停地回答这些问题很容易产生烦躁情绪，也影响患者就医的满意度。导诊机器人很适合完成这样的工作，它们不怕重复，不觉得枯燥，可以 24 小时以热情的态度和患者交流。实际上，通过人机合作的方式，由机器人回答大量的一般性问题，由导诊人员回答少量的机器人一时回答不好的问题，能够把导诊人员从重复、枯燥的问题中解脱出来，从而高质量地回答少量的复杂问题，使患者感受到人机合作带来的更好的导诊服务，提升患者的满意度。

4.5　智慧医疗的未来发展

虽然近几年包括临床诊疗决策支持系统、外科手术机器人、导诊机器人等智慧医疗产品得到一定范围的应用，但总的来看，人工智能、大数据、物联网等新一代信息技术与医疗卫生工作的融合还是初步的、局部的，智慧医疗应用还是初级的，随着人工智能、大数据、物联网等新一代信息技术的不断发展，其对医疗卫生工作的支持作用会进一步加强，智慧医疗应用水平会进一步提高。

展望未来，智慧医疗将会在人工智能的深度应用、辅助诊疗系统与智能医疗设备研发、医院的精细化智能化管理等几个主要方面有进一步的快速发展。

4.5.1　人工智能深度应用

人工智能、大数据、物联网、区块链等新一代信息技术更深入、更广泛地融入预约挂号、检验检查、病情分析、诊断治疗、照护护理、康复疗养、公共卫生服务等各个环节，提升诊疗信息的数字化程度，在保护患者隐私的基础上提高诊疗数据的共享范围，完善规范电子病历内容及安全、方便的存储与查询机制，进一步夯实智慧医疗的数字化、网络化、智能化基础。

在未来，在新一代信息技术的支持下，医疗数据的数字化程度会越来越高。将患者在不同时期、不同医院的医疗、检查数据集成在一起形成患者个人医疗大数据，打通数据壁垒，在保护患者隐私和得到患者授权的基础上，不同医院的医生都可以查看、分析患者的历史医疗数据，便于结合当前检查数据及身体体征进行病情诊断并确定合适的治疗方案。患者本人可以随时查看自己的医疗、检查数据记录，并有针对性地进行自我饮食控制、运动选择、出行安排等。

4.5.2 辅助诊疗系统与智能医疗设备研发

智能化临床诊疗决策支持系统、疾病诊断专家系统、手术机器人、康复机器人、护理照护机器人、手术导航定位系统等智能辅助诊疗系统、智能医疗设备的质量、效能会进一步提高，应用范围会进一步拓展，人机合作（人与智能机器人、人与智能系统合作）、人机协同将会在疾病诊断、治疗、康复和照护中逐步成为主流工作模式，患者将会获得更高水平的诊疗，享受到更舒心的就医体验。

在未来，作为患者，可以随时随地通过在线医生、用药咨询、慢性病管理等 APP 软件进行初步的疾病和用药咨询，在此基础上如果有必要再去找医生进行线上或线下诊疗；在家里，有照护机器人陪伴，到规定时间提醒吃药、吃什么药，辅助进行血压测量、血糖测量等，若发现异常直接向医生或家属发送提示或求助信息；在医院，电子病历系统可以把医生的语音医嘱转换为文本自动写入电子病历，自动提供相似病情病历给医生做参考，辅助决策系统辅助医生进行疾病的诊断与制订治疗方案，医疗影像系统把患者做检查后的影像信息更清晰直观地呈现给医生，并把可疑的部位标示出来，辅助医生进行诊断与医疗方案的制订；手术机器人辅助医生精准、微创、安全地完成手术，减轻患者痛苦，减轻医生工作强度。

4.5.3　医院的精细化、智能化管理

医院的精细化、智能化管理水平将会大幅度提高，实现医院内部信息系统的互联互通、实时监管，推动医院之间诊疗信息的互通共享，让数据“多跑路”，让患者（家属）少跑腿，全面提升医院的智慧管理水平，建设高水平的智慧医院。

在未来，在人工智能等新一代信息技术的支持下，分级诊疗、线上线下诊疗、预约诊疗会不断完善和推广。在人工智能辅助诊疗系统和远程手术系统的支持下，基层医院的医疗水平会有较快的提高，在辅助诊疗系统的支持下或在大医院专家的远程指导下，一些疾病的诊断、治疗、手术等，完全可以在基层医院开展。医院可以同时提供线上线下诊疗服务，对于慢性病患者，可以采取线下线上相结合的就诊方式，病情有较大波动时线下就诊（和医生当面交流、做必要的检查），病情比较平稳时定期线上就诊（线上和医生交流咨询、调整用药等）。在现有预约挂号的基础上进一步完善、精细化预约诊疗、预约检查。分级诊疗能有效应对目前大医院常态性的超负荷运转现象，减轻大医院医护人员的工作压力；线上线下诊疗、预约诊疗能有效减少患者的出行成本，有效减少患者在医院的等待和停留时间，提高患者的就诊满意度，有效缓解“看病难，看病烦”的问题。

第 5 章　智慧司法

2018 年 8 月 16 日，在首届中国国际智能产业博览会期间，国内法律界首次“人机大战”在重庆仙桃数据谷举行。一方是重庆百事得大牛机器人公司研发的法律机器人“大牛”，另一方是 6 位具有硕士以上学位、5 年以上律师执业经历的资深律师。通过网络抽题确定了两个比赛案例：民间借贷案例和劳动争议案例。经过专家组评审，机器人“大牛”分别战胜了应战每个案例的 3 位律师，在调查法律事实的完整度和咨询结论的准确度上都明显高于律师，用时更是大大少于律师的用时，一时引起广泛热议。

近几年，已有包括法律机器人“大牛”在内的多款法律咨询机器人和法律咨询系统投入使用，也有智能辅助办案系统进入法庭辅助法官判案。随着人工智能技术的继续发展及与司法实务的进一步紧密结合，人工智能对提升司法工作的质效和公正性、提高司法队伍的综合素质将会发挥更大的作用。

5.1　计算机技术在司法领域的应用

我国很多领域的计算机应用进程大体上是类似的。1946 年世界上第一台通用电子计算机“埃尼阿克”（ENIAC）在美国诞生，1960 年我国第一台自行设计的通用电子数字计算机 107 机研制成功。在计算机发展的早期，实际应用的计算机都是大型计算机、中型计算机或小型计算机，价格昂贵，运行维护成本高，只有极少数单位买得起、用得上。1981 年 IBM 推出价格便宜、使用方便的微型计算机 IBM-PC，1985 年我国第一台微型计算机长城 0520CH 进入市场，之后逐渐有一般应用单位购买使用计算机，这时的应用都是单机应用。随着计算机软硬件技术、计算机网络技术的快速发展，从20世纪90年代后期起，计算机应用逐渐进入联网应用阶段，从单位内部计算机连接为局域网，逐渐发展为接入互联网。随着联网应用的不断深入和拓展，各应用领域（单位）积累了大量的数据，也随之提出了更高的应用需求，大数据技术、人工智能技术应时而生，计算机应用进入人工智能应用阶段。人工智能应用可以看作是计算机应用的高级阶段，是以单机应用和联网应用为基础的自然升级。

对于普通民众，了解人工智能在司法领域的应用，借助法律机器人（人工智能法律咨询系统）可快捷、方便地学习了解更多法律知识，更自觉地学法、遵法、守法，更主动有效地获得法律服务，更好地应用法律维护自己的合法权益。

对于已经从事司法工作的人员和有志于从事司法工作的法学专业大学生、研究生，除了学好法学专业知识、培养提升法律素养与法律能力外，还要注重人工智能知识的学习。一是，了解将来工作场景中人工智能的应用，为更好地适应岗位工作打好基础。二是，了解人工智能的基本原理，理解人工智能系统如何辅助法官判案、如何辅助律师提供法律服务，更好地实现人机合作。将来的司法工作场景既不是不用人工智能，也不是人完全被人工智能替代，而是人与人工智能的有效合作。只有了解人工智能的基本工作原理，才能明晰人与（人工智能）机器各自的优势，才能实现人机合作时的优势互补，让人工智能这个“法官助理”或“律师助理”更好地为法官和律师服务，协助法官和律师高质量、高效率、公正地履行职责。三是，积极参与研发更好的司法人工智能系统。目前人工智能在司法领域的应用，还只是初步的、局部的，还要不断地完善、深入和拓展，这需要法官、律师等专业法律人的积极参与，这也是人工智能时代法律人的职责所在。四是，随着人工智能在人们工作与生活各领域的广泛深入应用，已衍生出大量与人工智能相关的新型法律问题。例如，如何制定法律保证人工智能发展与应用的安全、可靠、可控，人工智能在司法领域应用的边界如何界定，自动驾驶汽车交通事故、手术机器人医疗事故中的法律责任如何认定，等等。这些问题需要深入的理论研究，需要制定相应的法律法规，需要法律实务实践探索。无论是从事法学理论研究，还是从事立法、审判、检察、监察、辩护、法律服务等实务工作，法律与人工智能的结合都带来了更大的平台与空间。

司法工作关乎国家经济社会的健康发展，关乎民众的个人权利，对伸张正义、惩罚犯罪、保护组织与个人的合法权益、构建和谐社会发挥着重要作用。人工智能应用于司法工作，能够更好地保证司法工作的高质量、高效率和公平正义。人工智能技术应用于司法领域，催生出智慧司法。智慧法院、智慧检务、智慧律师、智慧监狱、智慧公证等都是人工智能应用于司法领域的具体形态，本章主要介绍与普通民众联系更密切的智慧法院和智慧律师。

5.2 智慧法院

5.2.1 法院与法官的职责

根据《中华人民共和国人民法院组织法》（以下简称《法院组织法》）的规定，人民法院是国家的审判机关。人民法院通过审判刑事案件、民事案件、行政案件以及法律规定的其他案件，惩罚犯罪，保障无罪的人不受刑事追究，解决民事、行政纠纷，保护个人和组织的合法权益，监督行政机关依法行使职权，维护国家安全和社会秩序，维护社会公平正义，维护国家法制统一、尊严和权威，保障中国特色社会主义建设的顺利进行。

人民法院在设置上分为最高人民法院、地方各级人民法院、专门人民法院。地方各级人民法院分为高级人民法院、中级人民法院和基层人民法院。专门人民法院包括军事法院、海事法院、知识产权法院、金融法院等。

根据《中华人民共和国法官法 》的规定，法官是依法行使国家审判权的审判人员，包括最高人民法院、地方各级人民法院和军事法院等专门人民法院的院长、副院长、审判委员会委员、庭长、副庭长和审判员。法官的职责包括：①依法参加合议庭审判或者独任审判刑事、民事、行政诉讼以及国家赔偿等案件。②依法办理引渡、司法协助等案件。③法律规定的其他职责。

法官在职权范围内对所办理的案件负责。

《法院组织法》第58条专门规定："人民法院应当加强信息化建设，运用现代信息技术，促进司法公开，提高工作效率。"

和其他领域的信息化建设历程类似，法院系统的信息化建设也经历了计算机单机应用、计算机联网应用、人工智能应用等几个阶段。目前正在积极推进的智慧法院建设以计算机单机应用、计算机联网应用为基础，也是大数据、人工智能应用于法院工作的必然要求。

5.2.2 法院的信息化建设

1. 法院信息化1.0

法院系统的计算机应用始于1983年，不过1983至1985年只是个别法院引进了计算机。到1990年底，全国法院系统拥有微型计算机约300台（1985年6月，国产长城0520CH微型计算机诞生，这是我国第一台中文化、工业化、规模化生产的微型计算机，或许是这台计算机的诞生使更多的单位能够购买使用计算机），主要用于文字处理、财务管理、人事档案管理等。1987年成功开发出"全国法院计算机人事档案管理系统"。

到1995年，全国法院系统计算机拥有量超过1500台，主要用于信息处理、法院系统管理。有1200余家法院应用了最高人民法院自主开发的"司法统计管理系统"。后续成功开发"最高人民法院综合管理信息系统"和"司法文件数据库"检索系统。"司法文件数据库"包含了自1949年以来的全部法律、国务院行政法规2000余件，经最高人民法院审判委员会讨论通过的典型案例200余件，总信息量达2000余万字。

2. 法院信息化2.0

法院系统1996年开始进入计算机网络建设阶段。1996年5月，最高人民法院在江苏南京召开"全国法院通信及计算机工作会议"，部署全国法院的计算机网络建设工作，确定北京、上海、江苏等8个高级人民法院及其所辖下级法院作为全国计算机网络系统建设的试点单位。

2007年，最高人民法院印发《关于全面加强人民法院信息化工作的决定》，明确提出了人民法院信息化工作的主要目标：到2010年，覆盖全国各级法院的业务网络基本建成，以审判信息管理和司法信息资源开发利用为核心的各类应用全面推进，技术和业务标准化体系建设基本满足发展需求，审判信息资源目录体系与交换体系、信息安全基础设施初步建立，各项制度逐步完善，保障体系基本完备，高素质技术队伍基本形成，信息化在促进司法审判管理、司法政务管理和司法人事管理规范化、科学化等方面的作用明显增强，在提高审判效率、保证审判质量等方面充分发挥作用。

2016年，中国社会科学院法学研究所与中国社会科学出版社在北京联合发布了《中国法院信息化第三方评估报告》。报告指出，总体来看，全国法院基本建成了以互联互通为主要特征的人民法院信息化2.0版，形成了以五大网络为纽带的信息基础设施和支持司法服务、审判执行和司法管理的十类应用，实现了对审判执行、司法人事和司法政务三类数据的集中管理。五大网络是指办公内网、外部专网、涉密内网、法院专网和互联网。

截至2015年底，全国3512家人民法院通过法院专网实现了互联互通；全国各地人民法院均建成统一的审判流程信息公开平台，并实现与中国审判流程信息公开网的联通；全国法院建成科技法庭1.8万个；最高人民法院建成10套，地方人民法院建成2154套远程提讯系统；最高人民法院数据集中管理平台汇集了全国法院近5年7000万件案件数据。

截至2016年2月，各级人民法院已经公布生效裁判文书1570万篇，每天新增近4万篇，日均访问量达58万人次。裁判文书上网实现了全国所有法院、所有案件类型全覆盖，中国裁判文书网已经成为全球最大的裁判文书公开网。

3. 法院信息化3.0

2016年2月，最高人民法院发布了《人民法院信息化建设五年发展规划（2016—2020）》和《最高人民法院信息化建设五年发展规划（2016—2020）》。根据规划，2017年总体建成具有全面覆盖、移动互联、跨界融合、深度应用、透明便民、安全可控等6个特征的法院信息化3.0版，2020年深入完善法院信息化3.0版，建设智慧法院，促进审判体系和审判能力现代化。

2016年7月，中共中央办公厅、国务院办公厅印发《国家信息化发展战略纲要》，将建设“智慧法院”列入国家信息化发展战略，明确提出建设智慧法院，提高案件受理、审判、执行、监督等各环节信息化水平，推动执法司法信息公开，促进司法公平正义。

2016年12月，国务院印发《“十三五”国家信息化规划》。规划支持智慧法院建设，推行电子诉讼，建设完善公正司法信息化工程。并将电子诉讼占比作为5个信息服务指标之一，全国法院电子诉讼占比要在2020年超过15%。

2017年4月，最高人民法院发布《关于加快建设智慧法院的意见》，明确了智慧法院的内涵：智慧法院是依托现代人工智能，围绕司法为民、公正司法，坚持司法规律、体制改革与技术变革相结合，以高度信息化方式支持司法审判、诉讼服务和司法管理，实现全业务网上办理、全流程依法公开、全方位智能服务的法院组织、建设、运行和管理形态。

《关于加快建设智慧法院的意见》和普通民众最直接相关的内容是：运用大数据和人工智能技术，按需提供精准智能服务。具体内容包括两项：

（1）支持办案人员最大限度减轻非审判性事务负担。充分运用外包服务方式，建立先进的电子卷宗随案同步生成技术保障和运行管理机制，为案件信息智能化应用提供必要前提；不断提高法律文书自动生成、智能纠错及法言法语智能推送能力，庭审语音同步转录、辅助信息智能生成及实时推送能力，基于电子卷宗的文字识别、语义分析和案情理解能力，为辅助法官办案、提高审判质效提供有力支持；深挖法律知识资源潜力，提高海量案件案情理解深度学习能力，基于案件事实、争议焦点、法律适用类脑智能推理，满足办案人员对法律、案例、专业知识的精准化需求，促进法官类案同判和量刑规范化。

（2）为人民群众提供更加智能的诉讼和普法服务。挖掘利用海量司法案件资源，提供面向各类诉讼需求的相似案例推送、诉讼风险分析、诉讼结果预判、诉前调解建议等服务，为减少不必要诉讼、降低当事人诉累提供有力支持；拓宽司法服务渠道，探索基于法律知识自主学习和个性化交流互动的智能普法服务装备，提升诉讼和普法服务质效；深度分析用户诉讼行为，挖掘用户个性化需求，精准推送司法公开信息，提升广大人民群众的获得感。

第（1）项相当于为法官配备了一位超级能干的法官助理，能够把法官从非审判性事务中解脱出来，让法官集中精力于“审”和“判”，提高法官判案的质量和效率，更好地保证判案的公平正义。一个案件，对于法官来说或许只是其审理的众多案件中的一个，可对于当事人来说，这或许是其有生以来的第一场官司（也可能是其人生中的唯一一场官司），对其个人（以及家人和利益相关人）正常的工作、生活和精神状态有深刻的影响。判案的公正性和高质量、高效率是当事人对法院和法官的最大期盼。智慧法院建设有助于提高判案的效率和质量，让人民群众在每一个司法案件中感受到公平正义。

第（2）项直接为人民群众提供及时、精准的诉讼和普法服务。随着人们经济社会活动的增加及法律意识的不断提高，越来越多的人会选择通过法律途径来维护个人及组织的合法权益。但是该不该起诉、胜诉的可能性有多大、到哪个法院起诉、以什么实体请求权起诉、选择谁为被告、诉讼标的额是多少、合并起诉还是分别起诉等，人们有诸如此类的一连串法律问题需要咨询。目前，法律意见提供者少、费用高、耗时长的法律服务现状让很多人望诉生畏、知难而退。智慧法院建设能够提供更多、更精准、更及时的法律服务，让人们既能得到良好的法律服务，又能节省时间和费用。

2017 年 7 月，国务院印发《新一代人工智能发展规划》。规划提出，围绕行政管理、司法管理、城市管理、环境保护等社会治理的热点、难点问题，促进人工智能技术应用，推动社会治理现代化。建设集审判、人员、数据应用、司法公开和动态监控于一体的智慧法庭数据平台，促进人工智能在证据收集、案例分析、法律文件阅读与分析中的应用，实现法院审判体系和审判能力智能化。

“十三五”（2016 至 2020 年）时期，智慧法院建设取得丰硕成果，全国法院建成以一张网为代表的全要素、一体化的人民法院信息基础设施，建成世界上最大的司法审判信息资源库，网上办案深入推进，网上执行查控等信息化手段为“基本解决执行难”提供了强大支撑，互联网司法模式探索不断深化，信息化建设实现突破性进展。

2021年4月，中国社会科学院法学研究所发布《法治蓝皮书：中国法院信息化发展报告（2021）》。报告指出，2020年，人民法院信息化3.0版建成，并全面支持审判体系和审判能力现代化；全国法院进一步健全诉讼服务大厅、诉讼服务网、12368热线、巡回办理“厅网线巡”立体化诉讼渠道，推动实现诉讼服务一站通办、一网通办、一号通办、一次通办，全国98%的法院建立了诉讼服务大厅，98%的法院运行诉讼服务网，线下一站式服务项目已经逐步拓展到线上；全国3435家法院支持裁判文书自动纠错，3235家法院支持辅助生成法律文书；全国74%的法院实现电子卷宗随案同步生成，网上执行查控、信用惩戒等信息化手段为“切实解决执行难”提供了强大支撑。智慧法院在新冠肺炎疫情期间大显身手，实现“审判执行不停摆、公平正义不止步”，有效满足群众司法需求。

4. 法院信息化4.0

2020年12月，全国法院第七次网络安全和信息化工作视频会议召开，此次会议标志着法院信息化建设进入4.0阶段。会议强调，要科学布局，加快推进人民法院信息化4.0版建设。要加强谋划，狠抓落实，确保2022年底基本建成、2025年底全面建成以知识为中心的法院信息化4.0版。要确保实现建设目标，面向司法人员、诉讼参与人、社会公众和其他部门提供全新的智能化、一体化、协同化、泛在化和自主化智慧法院服务，创新审判模式，优化诉讼流程，助推司法改革，为更加客观寻找事实、更加精准适用法律提供坚强科技支撑。

5.3 智慧法院典型案例

5.3.1 上海刑事案件智能辅助办案系统

2017年2月6日，为推进以审判为中心的诉讼制度改革，切实防范冤假错案的产生，中央政法委要求上海市高级人民法院承担开发“推进以审判为中心的诉讼制度改革软件”（又名“上海刑事案件智能辅助办案系统”，简称“206 系统”）的任务。2019 年 1 月 23 日下午，由时任上海市第二中级人民法院院长担任审判长的 7 人合议庭公开开庭审理一起抢劫案件，并首次运用“上海刑事案件智能辅助办案系统”辅助庭审。

“206 系统”采用“一中心、一网络、四平台”的运行方式，“一中心”指系统的中心服务器（设在上海高院）；“一网络”指统一的办案网络，联通公检法司各家办案平台；“四平台”指将“206 系统”的“公安子系统”“检察院子系统”“法院子系统”“司法行政子系统”嵌入公检法司各家办案平台。平台间通过数据管理中心交换数据，实现刑事办案信息在侦查、审查起诉、审判、刑罚执行等阶段的信息共享、一体化应用。

“206 系统”包括 26 项功能，主要有证据标准指引、单一证据审查、逮捕条件审查、社会危险性评估、证据链和全案证据审查判断、办案程序合法性审查监督、庭审示证、类案推送、量刑参考、文书生成、电子卷宗移送、全程录音录像、知识索引等。

证据标准指引、单一证据审查、逮捕条件审查、社会危险性评估、证据链和全案证据审查判断、办案程序合法性审查监督、类案推送、量刑参考、全程录音录像等功能为办案人员收集固定证据提供指引，并对证据进行校验、把关、提示、监督，确保侦查、审查起诉的案件事实证据经得起法律检验，确保刑事办案过程全程可视、全程留痕、全程监督，解决了公检法三机关证据标准适用不统一、同案不同判等问题，能够有效防范冤假错案的产生。

庭审示证、文书生成、电子卷宗移送、知识索引等能够快速、精准地展示相关证据，快速生成各种文书（草稿），快速完成电子卷宗在公检法司各办案平台之间的传递移送，快速找到相关文档，即能够有效提高案件全流程的办理效率。

截至 2019 年底，公安机关累计录入案件 8.5 万余件，累计录入证据材料 1000 余万页，检察院受理逮捕案件 3.3 万余件、公诉案件 3.7 万余件，法院受理案件 2.8 万余件，审结 2.6 万余件；提供证据指引 54 万余次，提供知识索引 8100 余次，提示证据瑕疵 2.1 万余个。

5.3.2 北京云法庭

北京云法庭是北京市高级人民法院在2020年新冠肺炎疫情初期精准对接人民群众在疫情防控期间足不出户、在线开庭的实际需求，充分运用云计算、人工智能、大数据、区块链、增强现实（AR）等前沿技术，深入融合北京法院业务工作实际，紧急研发的北京市三级法院共用的互联网庭审系统。该系统可支撑诉前调解、诉中调解、庭前谈话、串案合并审理、远程调查、正式庭审等诉讼环节在线进行，可随时随地为诉讼群众、律师、法官搭建“克服疫情阻隔，打破空间限制”的“云端”法庭。

北京云法庭首个版本于2020年2月3日在北京全市法院上线运行，确保了北京法院“疫情防控和审判工作两不误”。经过10次版本升级，60多次功能更新，北京云法庭现已具备4000路视频链路，可支持800场庭审同步进行。2020年全年使用次数达30万次，占北京法院庭审总量的2/3，涉及案件31万件，服务人次超百万，网上开庭数量位居全国第一。

5.3.3 沧州市中级人民法院无纸化办案

2021年2月，河北省沧州市中级人民法院成功审理了两起合同纠纷案件，与之前不同，这两起案件审理全流程无纸化、全要素网上办，在河北省率先开启了无纸化办案工作新模式。

为加速智慧法院建设，沧州中院致力打造立案、交费、送达、庭审、合议、裁判、结案、归档等环节全流程、全要素无纸化办案模式，电子卷宗随办案进程网上流转，纸质卷宗不再线下流转。该院全面畅通线上立案渠道，充分利用电子法院、移动微法院等网上立案平台，并在诉讼服务中心放置智能诉状生成机、自助立案服务机、自助查询机、外网电脑、扫描仪等设备，引导当事人网上立案、自助立案。

沧州中院把无纸化庭审作为无纸化办案的重要抓手，庭审过程中，所有材料都以电子数据形式显示，既实现了全程留痕，又提高了庭审效率。该院23个数字化法庭全部具备互联网开庭功能，在审判庭配备高拍仪，支持庭审过程中纸质证据即时转化为电子证据，配备了证据展示系统、智能语音转写系统、电子签名设备，满足无纸化庭审需要。同时，利用在线合议系统，打破空间、时间壁垒，实现合议庭随时合议。

5.3.4 杭州互联网法院

随着互联网的快速发展和广泛应用，人们的经济社会活动越来越依赖于网络，在享受网络带来的快捷、便利的同时，也随之产生了越来越多的涉网纠纷。杭州是我国互联网经济发展重地，2017 年 8 月 18 日，国内第一家互联网法院——杭州互联网法院正式挂牌成立，集中管辖杭州市辖区内以下涉网案件：

（1）通过电子商务平台签订或者履行网络购物合同而产生的纠纷。

（2）签订、履行行为均在互联网上完成的网络服务合同纠纷。

（3）签订、履行行为均在互联网上完成的金融借款合同纠纷、小额借款合同纠纷。

（4）在互联网上首次发表作品的著作权或者邻接权权属纠纷。

（5）在互联网上侵害在线发表或者传播作品的著作权或者邻接权而产生的纠纷。

（6）互联网域名权属、侵权及合同纠纷。

（7）在互联网上侵害他人人身权、财产权等民事权益而产生的纠纷。

（8）通过电子商务平台购买的产品，因存在产品缺陷，侵害他人人身、财产权益而产生的产品责任纠纷。

（9）检察机关提起的互联网公益诉讼案件。

（10）因行政机关做出互联网信息服务管理、互联网商品交易及有关服务管理等行政行为而产生的行政纠纷。

（11）上级人民法院指定管辖的其他互联网民事、行政案件。

互联网法院中的“互联网”一词有双重含义：一是受理的案件是与互联网相关的案件；二是实现基于互联网的在线审理案件。依托其建设的网上诉讼平台，实现了起诉、调解、立案、送达、举证、质证、庭审、判决、执行等诉讼环节全程网络化，即“涉网案件网上审”。而且，各环节充分运用信息技术、广泛置入智能化应用。在起诉立案阶段，能够智能检索诉讼请求、标注瑕疵，自动提示当事人和立案人补正瑕疵；在（在线）举证质证阶段，智能判断当事人要完成的工作量及需要的时间，自动发出录入提示；在庭审阶段，实现庭审界面共享，交互式审查证据材料，通过语音识别自动生成庭审笔录；在文档处理上，实现电子卷宗随案生成、同步自动归档，当事人可以通过网络自动查阅。

杭州互联网法院线上庭审平均用时 28 分钟，一起案件从起诉到结案平均审理天数为 41 天，比传统诉讼模式分别节约时间 3/5 和 1/4。当事人通过互联网在线完成诉讼（不必到现场出庭），更是节省了大量的出行费用和时间，审判效能显著提升。

5.4　人工智能律师

5.4.1　律师的职责

根据《中华人民共和国律师法》，律师是指依法取得律师执业证书，接受委托或者指定，为当事人提供法律服务的执业人员。律师应当维护当事人合法权益，维护法律正确实施，维护社会公平和正义。

律师可以从事下列业务：

（1）接受自然人、法人或者其他组织的委托，担任法律顾问。

（2）接受民事案件、行政案件当事人的委托，担任代理人，参加诉讼。

（3）接受刑事案件犯罪嫌疑人、被告人的委托或者依法接受法律援助机构的指派，担任辩护人，接受自诉案件自诉人、公诉案件被害人或者其近亲属的委托，担任代理人，参加诉讼。

（4）接受委托，代理各类诉讼案件的申诉。

（5）接受委托，参加调解、仲裁活动。

（6）接受委托，提供非诉讼法律服务。

（7）解答有关法律的询问、代写诉讼文书和有关法律事务的其他文书。

5.4.2 人工智能律师

1. 人工智能律师 ROSS

2016 年 5 月，IBM 公司研发的世界首位人工智能律师 ROSS“就职”于纽约的一家律师事务所，帮助处理公司破产等事务。ROSS 是在进行了 10 个月的破产法学习后才获得律师工作的，已有多家律所“雇用”了 ROSS。

ROSS 系统是在 IBM 公司的智能问答系统沃森（Watson）的基础上开发的。人们可用自然语言提问，ROSS 会根据问题检索法律文档数据库，迅速找出匹配的答案，而且还会在每个答案下方显示对应的“法律源文件”。用户可以对系统给出的答案进行评价，系统会根据用户反馈进行自我学习，不断提高答案的正确程度。

人工智能法律服务主要涉及法律检索、文件审阅、案件预测、法律咨询服务等，可以作为律师的“助理”辅助律师工作，也可以直接为用户提供法律服务。ROSS 就是一个具备法律检索功能的人工智能系统。

合同审核是文件审阅的一个重要组成部分，LawGeex 公司曾经开发了一个依靠人工智能驱动的合同审查平台，来提供自动化的合同审核服务。相比传统的人工审核方式，自动化的合同审查可以节省 80%的时间以及 90%的费用成本。

在法律咨询服务方面，斯坦福大学一位二年级的学生 2015 年开发了一个名为 DoNotPay 的人工智能法律咨询平台，它可以在线帮助用户申诉不公平的违规停车罚单。平台通过让用户回答一系列问题来收集信息、了解情况。如果 DoNotPay 系统觉得用户具有申诉的法律依据，那么就会自动生成一封信件，以供用户申诉时使用。一年多的时间，DoNotPay 在纽约、伦敦和西雅图成功申诉了 20 多万个罚单，成功率达到 60%。而且，DoNotPay 还在不断扩展其服务类型，已扩展到了航班延误补偿金请求、政府住房申请等领域。

2. 智能自助法律机器人“青岛小法”

2019 年 3 月 26 日，智能自助法律机器人“青岛小法”在青岛市公共法律服务大厅正式上岗。

"青岛小法"通过现场语音互动的方式识别使用者的法律诉求，能够清晰地识别与理解提问，并准确地予以语音答复。同时，还能够通过对问题的分析，主动向使用者推荐并追问相关问题。"青岛小法"汇集了超过 3 万个日常法律问题、500 万字法律法规和全国法院 3000 多万份判决文书的智能化大数据分析，涉及婚姻家庭、员工纠纷、交通事故、企业人事、民间借贷、房产纠纷、知识产权、公司财税、刑事犯罪、消费维权以及与百姓生活、工作息息相关的诸多领域的常见法律问题。

对于诸如"孩子抚养费的标准是多少?""离婚诉讼需要提交哪些证据?""借钱给朋友几年了，手里的借条还是否有效?""农民工如何讨薪?"等问题，"青岛小法"都能进行语音互动回答。

智能法律机器人"青岛小法"融合了人工智能、大数据等现代信息技术，能够提供智能、便捷、高效的公共法律服务。

3. 昆明公共法律服务智慧网络平台

在昆明市官渡区、五华区、西山区进行试点的基础上，昆明公共法律服务智慧网络平台从 2017 年 9 月底开始向昆明全市推广。

昆明公共法律服务智慧网络平台（也被称为"法律机器人"）能够提供法律援助、人民调解、公证服务、社区矫正、安置帮教等公共法律服务功能，可以提供 7×24 小时免费法律咨询服务。当事人可通过计算机、手机或终端机访问平台，几分钟的提问后，就可获得一份详细、量身定制的法律咨询报告。在报告中，系统会对法院怎么判做出预测，会根据数千万个法院判决案例计算当事人胜诉的概率，便于当事人决定通过调解还是上诉来解决纠纷。

该系统不仅会自动生成起诉状和证据清单、适配相似的案例为当事人提供参考，还会把相关法律法规、司法解释、部门规章等全部罗列在报告中，这相当于完成了律师在开庭以外的全部文件准备工作。

在试点应用期间，有超过 53 万人次访问使用昆明公共法律服务智慧网络平台，根据对用户满意度统计，91%的用户认为平台提供的法律咨询对自己有帮助。

5.4.3 人工智能律师的未来发展

1. 广州律师行业发展规划（2021—2025）

2021 年 5 月 6 日上午，广州市律师协会公布《广州律师行业发展规划（2021—2025）》，提出争取到 2025 年实现广州律师行业“五化”——规范化、专业化、规模化、现代化和国际化发展。规划提出，未来 5 年，广州律师行业将构造“4401”律师行业信息化体系，围绕网站、律兴 APP、智能机器人、无人收取终端“4 个主要终端”，完善律师行业党建工作、协会管理、会员服务、法治协同“4 个核心平台”，逐步实现服务“0”跑腿，实现科技赋能“1 个重要目标”，用信息化技术全面提升行业服务与管理整体效能，打造全国领先的综合性线上律师服务平台。

为了更好地服务会员，广州律协正在筹划推行律师身份“一码通行”等数据交互系统，加强与公安、检察院、法院、不动产登记和仲裁机构等部门的沟通合作，逐步推动律师身份识别、线上阅卷身份认证等信息化系统互接、互认、互传等工作。

推进“智慧律所”建设，也是规划的主要内容之一。广州律协将着力加强律师事务所党建工作、行政管理、业务办理信息系统建设，推动案件档案电子化建设，探索形成广州律师案件管理数据电子化标准。

2. 上海司法行政“十四五”时期律师行业发展规划

2021 年 8 月，上海市司法局发布《上海司法行政“十四五”时期律师行业发展规划》，规划中涉及律师工作信息化（人工智能律师）的内容如下：

推动应用律师电子执业证，会同法院落实为律师提供一站式诉讼服务，会同检察院加强信息化方式便利律师开展案卷查阅等服务，会同公安机关保障律师知情权、会见权，不断优化提升便利律师举措，积极推动在“一网通办”框架下便利有关律师审批服务事项。

建立健全律师诚信信息平台建设，加强与全国律师诚信信息平台的联动，确保信息公示的及时、准确。

持续举办律师行业信息化、数字化发展沙龙、论坛等，引导律师行业适应全面推进城市经济、生活、治理数字化转型要求，促进应用数字化、智能化理念技术全面赋能上海律师法律服务。支持开发和推广律师事务所通用管理软件，助力提升管理质量、效率。

从《广州律师行业发展规划（2021—2025）》和《上海司法行政“十四五”时期律师行业发展规划》的内容可以预见未来几年律师行业信息化工作的进一步发展。随着包括人工智能技术在内的计算机技术与律师行业的进一步融合发展，律师工作将会进一步便捷、高效，律师与公安、检察院、法院、不动产登记和仲裁机构等部门的沟通合作将会更为通畅高效，律师的知情权、会见权、案卷查阅权等将会得到更好的保障。会有越来越多更智能化的人工智能律师“走上工作岗位”，在机器人律师的辅助下，律师的工作效率和工作质量会进一步提高。当然，这样的发展给现职律师和将来的律师提出了更高要求，要更多的学习了解相关的计算机技术、大数据技术和人工智能技术，更熟练掌握人工智能法律平台的操作使用。

相较于人工智能系统，人的优势在于严谨理智的分析与推理，在于创新性解决新问题；人工智能系统的优势在于能准确“记忆”大量的法律条文，能快速搜索到大量的类案裁判文书并进行必要的分析，能快速生成裁判文书、法律意见书、合同书、公证书等法律文书的初稿。人工智能系统以学习海量已有法律文书为工作基础，但在实际工作中，人工智能系统很少能遇到和已有案例完全相同的新案例，其只能根据自己从大量的已有案例中学习到的经验来进行判断并给出法律意见。这种法律判断只是初步的、参考性的，准确、权威的最终结论还是要由高水平的法官、律师来完成。以人机合作的方式来完成相关的司法工作，法官、律师和人工智能发挥各自的优势，各自完成自己擅长的部分，合起来就是优势互补，有助于提高工作的质效。

ROSS、“大牛”“青岛小法”、昆明公共法律服务智慧网络平台等人工智能律师提供法律服务效率高、收费低廉甚至免费，这使人们很自然的会思考一个问题：人工智能律师是否会取代人类律师？《中国青年报》2017 年 8 月 22 日刊登了一篇题目为《“法律机器人”会取代律师吗?》的文章。文中，时任昆明市律师协会会长和昆明市司法局局长分别谈了自己的观点，如下：

律师的日常工作包括法律咨询、案件管理、文件审阅、谈判、法律分析、事实调查、文书起草、出庭等，这些都要依赖人力一件一件去完成。“法律机器人”把律师从繁复的工作流程中解放出来，一份法律报告，律师要写 3 天，收费 3000 元，而“法律机器人”只需 3 分钟且免费。律师借助人工智能提高了工作效率，使他们有更多时间来提升自己的专业技能和知识，服务更多的人。

享有公共服务是百姓的基本权利，提供公共服务是政府的基本职责，建设公共法律服务平台是政府为人民提供普惠性法律服务的保障。机器人与真人律师协作，将大大提高法律服务的质量，让百姓获得更加普惠、精准、及时和有效的公共法律服务。

英国牛津大学教授、计算机与法律协会（Society for Computers and Law）主席、英国首席大法官信息技术顾问、牛津互联网研究院顾问委员会主席，同时在跨国律师事务所、会计师事务所及政府机关中任独立顾问的理查德·萨斯坎德（Richard Susskind）在其所著畅销书《法律人的明天会怎样?》（*Tomorrow's Lawyers—An Introduction to Your Future*）中指出，在法律领域至少存在 13 种颠覆性的新技术，包括文档自动化（法律文书初稿的自动生成）、无间断互联（让律师始终与用户和工作场所保持联系）、电子法律集市（在线评论、在线拍卖等）、电子学习（在线学习、在线研讨、模拟法律实践、虚拟法律学习环境）、在线法律指导（在线法律咨询、法律信息查阅）、法律开源（免费提供标准文件、备查清单、流程图等法律材料）、封闭的法律社区（志趣相投的律师非公开的线上交流）、工作流程和项目管理（为重复性的法律工作制定标准流程、实施项目管理）、嵌入式法律知识（把法律规则嵌入相关软件）、在线纠纷解决（互联网法院、线上调解等）、文档分析（基于机器学习技术自动完成判决书阅读分析、合同审核等工作）、机器预测（预测判决结果）、法律人机问答（人工智能系统以问答方式提供法律服务）等。

理查德·萨斯坎德在书中预测，传统律师在未来社会的地位将会不如目前这么卓著。如果某项工作能由不那么专业的人员借助智能系统和标准流程来完成，那客户就不愿意付钱给昂贵的法律顾问了。这不是说律师会整体消亡，但也确实意味着对传统律师的需求会减少。同时，当系统和流程在法律中占据更中心的位置，法律服务也可能出现新的重要形式。如果法律人能足够灵活、思想开放、有创业精神，适应不断变化的市场形势，那他们就可以找到激动人心的新工作。新工作包括法律知识工程师、法律技术专家、跨学科法律人才、法律流程分析师、法律项目管理师、法律数据科学家、研发工作者、在线纠纷解决师、法律管理咨询师、法律风险管理师等。

5.5 与计算机发展应用相关的诉讼案例

有经济社会活动，就可能会出现纠纷，就需要相应的司法服务解决纠纷，以促进经济社会健康发展。随着电子计算机的诞生及不断发展，随之而来的计算机软件、互联网、大数据、人工智能等信息技术快速发展并广泛深入地应用于经济社会发展的各个领域，在极大地促进经济社会快速发展的同时，与此相关的诉讼案件也在不断增加，司法人员会越来越多地办理与信息技术相关的案件。学习了解信息技术知识及信息技术促进经济社会发展的规律，对于做好相应的司法工作，维护个人与组织的合法权益，保证信息技术发展及其应用安全、可靠、可控，进而促进经济社会高质量发展具有重要作用。

5.5.1 第一台电子计算机的发明权之争

1. 第一台电子计算机——ABC

早在20世纪30年代后期，一些有远见的科学家就已经看到了使用电子器件来大幅度提高计算机运算速度的可能性。最早探索研制电子计算机的是美国爱荷华州立学院（现爱荷华州立大学）的数学物理学教授阿塔纳索夫(John V. Atanasoff，1903—1995)。阿塔纳索夫从1935年就开始探索运用数字电子技术进行计算工作的可能性，经过反复研究实验与冥思苦想，提出了电子数字计算机设计方案。阿塔纳索夫与当时还在读研究生的贝利（Clifford Berry，1918—1963）于1942年合作研制出了命名为ABC的样机。A、B分别取阿塔纳索夫和贝利名字的第一个字母，C是Computer（计算机）的第一个字母。由于多种原因，ABC 的专利申请工作没有完成。

2. 第一台通用电子计算机——“埃尼阿克”（ENIAC）

在美国军方的资助下，美国宾夕法尼亚大学莫尔学院的约翰·莫奇利（John W. Mauchly，1907—1980）和约翰·埃克特（John P. Eckert，1919—1995）等人于 1946 年研制成功通用电子计算机“埃尼阿克”（ENIAC），并为此申请了发明专利。需要说明的是，1941 年 6 月，莫奇利曾到爱荷华州立学院的实验室参观过 ABC，阿塔纳索夫向莫奇利详细介绍了 ABC 的研制过程，莫奇利阅读了阿塔纳索夫关于电子计算机的设计方案与图纸。

3. 电子计算机发明权之争

“埃尼阿克”完成后不久，莫奇利和埃克特离开莫尔学院并成立了埃克特-莫奇利公司，1950 年斯佩里-兰德公司（Sperry-Rand）收购了埃克特-莫奇利公司后拥有了“埃尼阿克”的专利权。斯佩里-兰德公司要向其他计算机制造公司收取专利使用费，但一家名为霍尼韦尔（Honeywell）的计算机制造商拒绝支付专利使用费。

1967 年斯佩里-兰德公司与霍尼韦尔公司对簿公堂，斯佩里-兰德公司认为霍尼韦尔公司侵犯了自己所拥有的“埃尼阿克”专利权。霍尼韦尔公司认为斯佩里-兰德公司的“埃尼阿克”专利权是无效的，因为“埃尼阿克”的设计思路源于阿塔纳索夫设计的 ABC。

经过 135 次马拉松式的开庭审理，1973 年 10 月 19 日，美国明尼苏达州一家地方法院判决莫奇利和埃克特的“埃尼阿克”专利无效。判决理由是：“埃尼阿克”的研制利用了阿塔纳索夫发明 ABC 的构思。

在这场诉讼之前，人们一直认为“埃尼阿克”是世界上第一台电子计算机，法院的判决告诉人们，第一台电子计算机是阿塔纳索夫发明的 ABC。

对于撤销“埃尼阿克”专利的判决，学术界和舆论界分歧很大，支持和反对的人都不少。更大的共识是，ABC 是第一台电子计算机，“埃尼阿克”是第一台通用电子计算机，也是第一台用于解决实际问题的电子计算机。在计算机领域，除了美国计算机学会设立的图灵奖外，还有一个重要奖项，就是国际电气与电子工程师学会计算机协会（IEEE-CS）设立的计算机先驱奖，阿塔纳索夫、莫奇利和埃克特都被授予了计算机先驱奖，3位科学家各自对研制电子计算机的贡献都得到肯定。

5.5.2　微软公司的涉嫌垄断案

微软（Microsoft）公司由比尔·盖茨（Bill Gates，1955—）和保罗·艾伦（Paul Allen，1953—）于1975年创立，公司总部设在美国华盛顿州雷德蒙德（Redmond，邻近西雅图）。

从20世纪80年代起，微软公司成为全球最大的软件厂商，其Windows操作系统多年占据了90%以上的个人计算机操作系统市场。

进入20世纪90年代，随着互联网的快速发展和广泛应用，为了帮助用户在海量的网上信息中快速找到所需要的信息，诞生了网络浏览器。1994年，美国网景公司（Netscape）发布了导航者浏览器（Navigator）。到1996年，Navigator占有的浏览器市场份额达到了86%。

为了与网景公司竞争浏览器市场，微软开发了IE浏览器，并在为计算机制造商预装Windows 95操作系统时，捆绑安装IE浏览器。在微软的强大攻势下，网景公司Navigator浏览器的市场份额急剧下降。

1996年，网景公司向美国司法部投诉微软强迫计算机制造商预装IE，以此作为预装Windows 95的前提条件。

1997年10月，美国司法部向哥伦比亚特区联邦法院提起诉讼，指控微软违反反垄断法。经过近3年的调查和审理，2000年6月，法院认定微软违反了反垄断法，做出一审判决：①微软停止在Windows 95操作系统的销售中捆绑IE浏览器，不得把捆绑IE浏览器作为Windows 95操作系统许可协议的前提条件。②微软将被拆分成两部分，一部分专营计算机操作系统软件，另一部分则专营Office系列应用软件、IE浏览器等其他软件，10年之内两部分不能合并。微软不服判决，提出上诉。

2001年6月，哥伦比亚特区联邦上诉法院驳回了一审法院拆分微软的判决。在全面衡量利弊后，微软提出与司法部重新谈判并做出让步。

2001年9月，司法部宣布不再要求拆分微软，并与微软开始新一轮和解谈判。2002年11月，微软和美国司法部达成妥协：微软不得参与可能损及竞争对手的排他交易；计算机制造商将使用统一的合同条款；微软公布Windows的部分源代码，使竞争者也能在Windows上开发应用程序。

至此，案件告一段落，在付出18亿美元的和解费后，微软避免了被拆分的噩运。微软公司2001财年营业总额为253亿美元，运营收入为117.2亿美元。

5.5.3 百度网盘涉嫌侵权案

北京焦点互动信息服务有限公司南京分公司（以下简称焦点南京分公司）依法获得了影视作品《匆匆那年》的独占信息网络传播权及转授权、维权权利，权利期限为2017年1月1日至2018年12月31日。焦点南京分公司在日常的盗版信息监测中发现，在百度网盘上存在包括《匆匆那年》在内的大量侵权文件。为此，2017年4月，焦点南京分公司通过发函的方式告知北京百度网讯科技有限公司（以下简称百度网讯公司），要求百度网讯公司从百度网盘的服务器中彻底删除这些侵权文件，并采取必要的技术手段使互联网用户不得通过百度网盘获取这些侵权文件。但百度网讯公司并未按要求去做。

2017年10月，原告焦点南京分公司向南京市中级人民法院提起诉讼，要求：①百度网讯公司立即停止通过百度网盘传播影视作品《匆匆那年》，并停止通过百度网盘向互联网用户提供该片的在线播放服务。②百度网讯公司赔偿原告经济损失280万元，以及合理费用20万元，共计人民币300万元。

被告百度网讯公司辩称：百度网讯公司经营的百度网盘向用户提供的是互联网信息存储空间服务，这种服务是封闭的，用户只能通过自己注册的账户和密码进入，不具有广泛传播性。同时，在百度网盘服务协议中已经明确警示，用户不得侵犯他人包括著作权在内的知识产权。

2018年9月，南京市中级人民法院对该案做出一审判决。法院认为，被告百度网讯公司侵害了原告焦点南京分公司享有的《匆匆那年》影视作品的信息网络传播权，虽然构成直接侵权行为依据不足，但构成帮助侵权行为。法院判决被告立即删除百度网盘中存储的《匆匆那年》影视作品，赔偿原告经济损失及合理费用 50 万元。

百度网讯公司不服南京市中级人民法院的一审判决，向江苏省高级人民法院提起上诉。

2019 年 12 月，江苏省高级人民法院做出二审判决：① 撤销南京市中级人民法院的一审判决。②驳回焦点南京分公司的全部诉讼请求。

二审法院认为，根据《中华人民共和国著作权法》的规定，信息网络传播权是指以有线或者无线方式向公众提供作品，使公众可以在其个人选定的时间和地点获得作品的权利。就特定作品文件网络存储空间的提供方和作为网络存储空间使用者的网盘用户而言，存储行为本身不代表存储行为的实施主体同时具有传播特定作品的主观意思，故不能将特定作品文件的存储行为简单等同于特定作品文件的传播行为，单纯的存储行为亦不必然构成对相关作品信息网络传播权的侵害。

5.5.4 阿里巴巴中文网络域名纠纷案

2000 年初，在获悉中国互联网络信息中心（下称 CNNIC）即将开始受理中文域名注册后，北京正普科技发展有限公司（以下简称正普公司）于 2000 年 1 月 18 日试图在网上注册“阿里巴巴”中文域名，却发现 CNNIC 已将“阿里巴巴”中文域名预留，无法进行网上注册。1 月 21 日，正普公司专门派人到 CNNIC 的办公地点提交申请注册“阿里巴巴”中文域名的书面材料，由于该域名已经预留的原因，正普公司仍不能进行注册。此后，正普公司在网上发现，中文域名“阿里巴巴”已经由 CNNIC 注册给阿里巴巴（中国）网络技术有限公司（以下简称阿里巴巴网络公司）。

2001 年 2 月，北京市第一中级人民法院受理了正普公司诉中国科学院计算机网络信息中心（简称中科院信息中心，CNNIC 的上级单位）、阿里巴巴网络公司计算机网络域名纠纷案。

原告正普公司认为：①被告 CNNIC 预留中文域名“阿里巴巴”没有法律依据。②CNNIC 将中文域名“阿里巴巴”注册给阿里巴巴网络公司的行为违反了法律规定，属于侵权行为。请求法院判令：CNNIC 依法撤销阿里巴巴网络公司的注册域名“阿里巴巴”，将该域名注册为原告所有。

北京市第一中级人民法院在查明相关事实的基础上认定：①CNNIC 因采取了域名预留措施，而未按照“先申请先注册”的原则给原告注册“阿里巴巴”中文域名的行为是错误的，被告中科院信息中心应承担相应的法律后果，鉴于原告在本案中就被告该行为所给其造成的损害后果未提出赔偿请求及相关的事实依据和法律依据，对此不予考虑。②阿里巴巴网络公司自 1998 年底开通阿里巴巴网站后，已在国内外互联网络相关用户中享有较高的知名度，在 CNNIC 已将“阿里巴巴”中文域名注册给阿里巴巴网络公司的情况下，将“阿里巴巴”中文域名返还给原告正普公司，会给阿里巴巴网站的权益造成损害。故从本案的实际情况出发，不支持原告正普公司要求返还“阿里巴巴”中文域名的请求。

基于以上认定，北京市一中院的判决驳回了原告正普公司的诉讼请求。

正普公司不服一审判决，2002 年 4 月向北京市高级人民法院提出上诉。7 月 22 日，北京市高院驳回上诉，维持一审判决。二审判决的主要理由：通过阿里巴巴网络公司的经营，“阿里巴巴”一词与该公司经营的网站在计算机网络使用者的意识当中产生了紧密的联系，具有了一定的知名度。正普公司使用“阿里巴巴”网站名称的时间晚于阿里巴巴网络公司，且该公司对其经营的网站使用“阿里巴巴”一词进行宣传的规模小于阿里巴巴网络公司的宣传规模，将“阿里巴巴”中文域名注册给阿里巴巴网络公司符合公平、公正和诚实信用原则。因此，CNNIC 虽然将“阿里巴巴”中文域名预留给阿里巴巴网络公司的行为不符合有关规定，但其结果可予认可。

5.5.5 人脸识别纠纷案

2019 年 4 月 27 日，郭先生支付 1360 元购买了杭州野生动物世界（以下简称动物世界）双人年卡，确定指纹识别入园方式。10 月 17 日，动物世界向郭先生发送短信，通知年卡入园识别系统更换事宜，要求激活人脸识别系统，否则将无法正常入园。10 月 26 日，郭先生到动物世界核实短信信息，郭先生认为人脸信息属于个人敏感信息，不同意接受人脸识别，要求园方退卡。工作人员明确告知其如果不进行人脸识别注册将无法入园，也不能办理退卡退费手续。

10 月 28 日，郭先生向杭州市富阳区人民法院提起诉讼。11 月 1 日，法院正式立案。2020 年 11 月 20 日，富阳法院做出一审判决，判令动物世界赔偿郭先生合同利益损失及交通费共计 1038 元；删除郭先生办理指纹年卡时提交的包括照片在内的面部特征信息；驳回郭先生要求确认店堂告示、短信通知中相关内容无效等其他诉讼请求。

郭先生与动物世界均表示不服，分别向杭州市中级人民法院提起上诉并得到受理。2021 年 4 月 9 日，二审（终审）宣判：①维持一审判决第一项第二项，即判决动物世界赔偿郭先生合同利益损失及交通费共计 1038 元，判决生效十日内履行。②删除郭先生办理指纹年卡时提交的包括照片在内的面部特征信息，以及指纹识别信息，判决生效十日内履行。③驳回郭先生的其他诉讼请求。

作为人工智能的应用之一，人脸识别给人们的工作与生活带来了方便，但人脸信息作为敏感的个人信息，一旦被泄露或者被非法使用和滥用，可能导致个人受到不合理待遇或者给人身、财产安全带来危险，必须在严格保护的基础上合理、适度使用。

现实生活中，不同程度的无意或有意泄露个人信息的事情时有发生，最常见的是手机号泄露。人们经常收到推销保险产品、推销理财产品、发表论文、申请专利的电话或短信。个人信息的泄露，轻则对正常的工作与生活造成干扰，重则上当受骗，遭受重大损失。人脸信息的泄露与非法使用造成的危害更大。

2021 年 11 月 1 日开始施行的《中华人民共和国个人信息保护法》（以下简称《个人信息保护法》），对于个人信息的收集、存储、使用、加工、传输、提供、公开、删除等进行了明确规定，以保护个人信息权益，规范个人信息处理活动，促进个人信息合理利用。以下两条对个人或组织收集、处理、提供个人信息做出了严格规定，为保护个人信息提供了更好的法律保障。

《个人信息保护法》第 6 条规定："处理个人信息应当具有明确、合理的目的，并应当与处理目的直接相关，采取对个人权益影响最小的方式。收集个人信息，应当限于实现处理目的的最小范围，不得过度收集个人信息。”第23条规定：“个人信息处理者向其他个人信息处理者提供其处理的个人信息的，应当向个人告知接收方的名称或者姓名、联系方式、处理目的、处理方式和个人信息的种类，并取得个人的单独同意。”

上面的案例中，动物世界向游客收集人脸信息就属于过度收集信息，因为游客进入动物世界没有必须进行人脸识别的必要。相反，采用人脸识别方式，动物世界一方如果对收集到的游客人脸信息没有进行严格的技术管理，导致人脸数据被有意或无意泄露，将会给游客带来一定的风险。

5.5.6 “大数据杀熟”案

2021年7月7日，绍兴市柯桥区法院审理了胡女士诉上海携程商务有限公司侵权纠纷一案，该案是绍兴首例消费者在质疑遭遇“大数据杀熟”后成功维权的案例。

该案原告胡女士是“携程”平台的钻石贵宾客户。2020年，胡女士像往常一样通过“携程旅行”APP订购了舟山某高端酒店的一间豪华湖景大床房，支付价款2889元。但胡女士在退房时，发现酒店的挂牌房价加上税金总价仅1377.63元。胡女士不仅没有享受到星级客户应当享受的优惠，反而多支付了1倍的房价。胡女士随后向“携程”平台反映情况，平台仅退还了部分差价。

胡女士及其代理律师以上海携程商务有限公司采集其个人非必要信息，进行“大数据杀熟”为由诉至柯桥区法院，要求“退一赔三”，并要求“携程旅行”APP为其增加不同意《服务协议》和《隐私政策》时仍可继续使用的选项，以避免被告采集其个人信息，从而避免被告利用原告数据对原告杀熟。

柯桥区法院经审理后当庭宣判：判处上海携程商务有限公司赔偿原告订房差价并按房费差价部分的3倍支付赔偿金，且在其运营的“携程旅行”APP中为原告增加不同意其现有《服务协议》和《隐私政策》时仍可继续使用APP的选项，或者为原告修订“携程旅行”APP的《服务协议》和《隐私政策》，去除对用户非必要信息采集和使用的相关内容。

“杀熟”是个老问题，以前走街串巷的小商贩就有杀熟的事例，主要是指熟人买东西时，卖方抓住买方不好意思讨价还价的心理，同样的东西，卖给熟人反而价格更高一些（街头小商贩是没有明码标价的，价格全凭卖家张口一说）。“杀熟”现象一定程度上反映出买者的纯朴善良与个别卖者的略显奸猾。

目前商场、超市都实行明码标价，避免了“杀熟”问题。有的商家还为顾客办理积分卡、贵宾卡等优惠卡，累计消费越多，打折优惠越多，即熟人能享受到更多的优惠，这是比较合理的促销手段。

大数据的应用，本来能促进商家为顾客提供更优惠、精准的服务，但个别商家打起了歪主意，出现了“大数据杀熟”问题。“大数据杀熟”的基本含义是：在基于互联网的在线商务活动中，同样的商品或服务，商家对老客户公布的价格高于对新客户公布的价格。

“大数据杀熟”当选为2018年度社会生活类十大流行语之一，可见“大数据杀熟”不是个别性的问题。机票、酒店、电影、电商、旅游等价格动态变化的网络平台中都不同程度存在类似情况。

“大数据杀熟”是个别商家基于大数据分析，利用了客户的纯朴善良（对杀熟没有防范意识）及对价格不敏感的心理状态，等于是欺负“老实人”。“大数据杀熟”也暴露出这些商家经营意识中的“小聪明”和一定程度上的奸猾。

《个人信息保护法》将通过计算机程序自动分析、评估个人的行为习惯、兴趣爱好或者经济、健康、信用状况等，并进行决策的活动，称为自动化决策。《个人信息保护法》对自动化决策进行了如下规定：

个人信息处理者利用个人信息进行自动化决策，应当保证决策的透明度和结果公平、公正，不得对个人在交易价格等交易条件上实行不合理的差别待遇。

通过自动化决策方式向个人进行信息推送、商业营销，应当同时提供不针对其个人特征的选项，或者向个人提供便捷的拒绝方式。

通过自动化决策方式做出对个人权益有重大影响的决定，个人有权要求个人信息处理者予以说明，并有权拒绝个人信息处理者仅通过自动化决策的方式做出决定。

如果不能合法合规使用基于大数据分析的自动化决策，而是不合理使用或滥用自动化决策，就可能产生“大数据杀熟”问题，有意或无意地对老客户在交易价格上实行了不合理的差别对待，不仅使老客户没有享受到一般认知中应该享受的优惠价格，反而比新客户的交易价格更高。这种行为明显违反了《个人信息保护法》的相关规定，客户可以依法维护自己的正当权益，即以后再遇到“大数据杀熟”，就可以依据《个人信息保护法》更好地依法维权了。

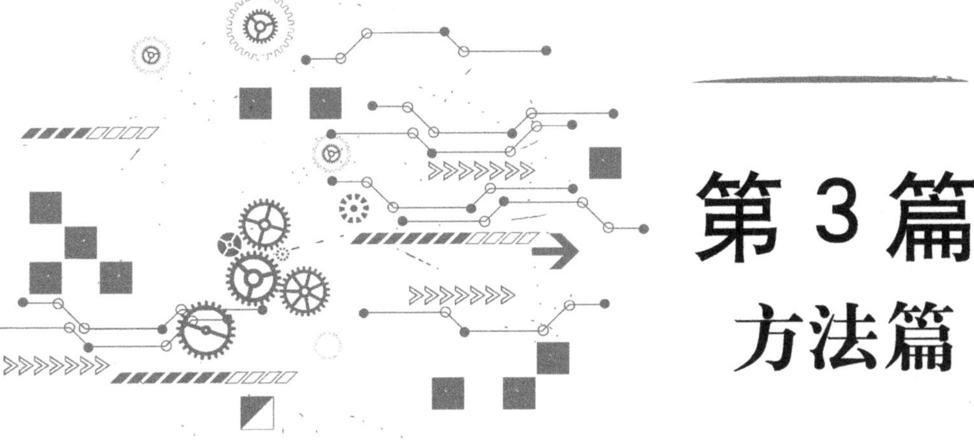

第3篇 方法篇

人工智能应用系统，可以是一个运行在计算机上的软件系统，也可以是一个计算机软硬件及其所控制设备结合在一起的机器人。对机器人来说，软件也是整个系统的关键组成部分。软件的基础是算法，算法就是解决问题方法的描述。在本书中，人工智能算法与人工智能方法含义相同。

目前，人工智能方法更多地体现为机器学习方法，其解决问题的思路是：基于训练样本，训练出（或者说学习出）一个模型，这个模型通过测试评估后就可以用于代替人工解决问题。

影响模型好坏的主要因素是算力、数据和算法。算力就是计算能力，数据就是用于训练模型的训练样本，目前高性能计算机和大数据的收集能力都已具备，算法成为训练出一个好模型的关键。

对于人工智能专业人员，研究开发通用的或专用于某个领域的高质量算法是其主要工作。对于非人工智能专业人员，要在学习了解人工智能方法的基础上，理解人工智能系统的工作原理，进而理解用人工智能系统解决问题时的优势与不足，培养提高自己与人工智能互补的能力素质，在人机合作场景下，更好地发挥自己的创新能力、沟通协调能力和学习新知识新技术的能力，保持在智能社会的竞争优势。

第 6 章　机器学习方法

机器学习方法是实现人工智能的一类主要方法。20 世纪 80 年代机器学习成为一个独立的学科领域并开始快速发展，研究人员陆续开发出多种机器学习方法并应用于解决实际问题。

6.1　什么是机器学习

6.1.1　学习的含义

学习是指一个人通过阅读、听讲、研究、观察、理解、探索、实验、实践等手段获取知识、提升能力素质的行为方式。

学习既是人类提升智能的重要手段，也是人类智能的重要体现。现在人们的工作、生活环境和 50 年前、100 年前相比发生了翻天覆地的变化。根本原因在于人类善于学习并在学习的基础上不断创新，通过学习和创新不断改进自身能力，进而改善环境、改造世界。人类的学习途径很多，可以向父母学习、向老师学习，也可以向同学、朋友学习；可以通过听讲学习，也可以通过讨论、辩论学习；可以通过读书学习，也可以通过实践、实验学习。著名数学家华罗庚教授曾说过："在寻求真理的长河中，唯有学习，不断地学习，勤奋地学习，有创造性地学习，才能越重山跨峻岭。"足见学习、创造性学习对于人的重要性。

6.1.2　机器学习的定义

人类通过多种形式的学习来不断完善自身的能力。计算机系统能否模拟人的学习行为来不断改进和提升自身的性能，这就是机器学习的研究目的。

周志华教授在其所著《机器学习》一书中，给出了机器学习的定义：机器学习（Machine Learning，ML）是这样一门学科，它致力于研究如何通过计算的手段，利用经验来改善系统自身的性能。

对于人来讲，经验有多种不同的种类和不同的形式，有学习经验、生活经验、工作经验等分类，有规则形式的经验（例如，如果下雨则出门带雨伞），也有只可意会却无法准确描述的经验（如老中医的疾病诊断经验）。对于机器学习，经验通常以数据的形式存在，因此机器学习所研究的主要内容是关于在计算机上从数据中产生模型的算法，即机器学习算法，也称为机器学习方法。有了机器学习方法，把蕴含有经验（或称为规律、知识）的数据提供给计算机，计算机就能基于这些数据产生模型，这个模型可以是一组规则、一个公式、一组参数等多种不同的形式。在面对新的情况时，模型就会提供新的判断，解决新的问题。

我们以高中阶段的学习为例来说明。高中 3 年，在小学、初中阶段学习的基础上，通过听讲、做作业、阶段考试、模拟考试等环节学习知识、总结规律、积累考试经验、提升答题能力，培养应对高考的综合能力，以期在参加高考时取得好成绩。在这个过程中，老师的讲解、作业题目、考试题目等都是“数据”，通过这些“数据”，学生总结出解答高考题目的应对策略并提高综合能力（学习出“答题模型”），然后应用这个“答题模型”完成高考各科目的答卷。同一个班的同学，面对基本相同的“数据”，由于每个人的学习方法有所不同，总结出的“答题模型”也会有所不同，所以高考分数也是高低不同。

现在把这个工作交给人工智能答题系统（高考机器人）来做，其工作思路也是类似的，计算机要在学习各种数据（课本知识、作业、考试试卷）的基础上，学习出答题模型，然后用这个模型去应对实际的高考。机器学习方法的不同，会导致学习出不同的机器答题模型。有了好的机器学习方法，才能训练出高水平的高考机器人，从而取得优异的高考成绩，由此可见机器学习方法在人工智能中有着重要作用。人工智能目前的进展得益于三个方面的支持：高性能计算机、大数据和高质量算法。现在世界上运算速度最快的计算机，其运算速度已超过每秒50亿亿次，计算机与互联网的广泛应用为采集大数据带来可能，高质量算法成了关键环节，数学知识则是设计高质量算法的重要基础。

实际上，我国、日本、美国等国家都有团队在研究开发高考机器人或考试机器人，目标都是取得优异的考试成绩，考上本国最好的高校。虽然有一些相关研究进展的报道，但到目前还没有看到取得突破性进展的报道。日本东京大学教授新井纪子（1962—）用了近10年的时间，组织上百人的研究团队，开展“机器人能考上东京大学吗?”的研究，这是第五代计算机研究项目之后日本最有影响的人工智能研究项目。新井纪子教授写了一本书——《当人工智能考上名校》（2020年出版中译本），她在书中明确宣布：人工智能还有很多无法逾越的障碍，最大的困难是无法突破阅读理解和“常识”的壁垒，无法通过目前的技术获得准确理解人类语言的阅读能力，即仅凭现有人工智能技术不可能考上东京大学。

6.2　机器学习的发展

机器学习的根本任务是，通过对数据的建模与分析，挖掘出数据中蕴含的有价值的规律和知识，进而改善系统自身的性能。例如，通过对超市以往销售数据的集成与分析，可以挖掘出不同地域、不同季节、不同档次商品的销售规律，进而制订出更有效的营销与促销策略，吸引更多客户，提高经济效益与社会效益；通过对银行信用卡数据的挖掘分析，可以识别出不同于正常消费行为的欺诈消费行为，避免储户经济损失，及时遏制不良行为或犯罪，而且随着数据的不断增多，识别准确率会不断提高。

虽然机器学习在20世纪80年代才成为独立的学科领域，但机器学习方法的出现要早得多。机器学习分为有监督学习和无监督学习。有监督学习（Supervised Learning）是应用最多的一种机器学习方法，也称为分类方法，基于训练集（人工标注类别的数据样本）学习出分类模型，然后根据此模型确定未知类别数据的类别标记；无监督学习（Unsupervised Learning）也称为聚类方法，基于组内相似度高、组间相似度低的原则对数据进行分组。

早期的机器学习方法可以追溯到1936年的线性判别分析（Linear Discriminant Analysis，LDA）方法，这是一种经典的数据降维算法，通过线性变换能有效减少数据量，提高数据处理效率，曾广泛应用于图像识别领域。

6.2.1 分类方法的发展

较早的分类方法是出现于20世纪50年代的贝叶斯分类方法，这是一种基于统计学的分类方法。朴素贝叶斯分类方法基于贝叶斯定理把待分类样本分到后验概率最大的那个类。贝叶斯分类方法具有方法简单、分类准确率高、速度快的特点。

托马斯·贝叶斯（Thomas Bayes，1701—1761），英国数学家。贝叶斯主要研究概率论并创立了贝叶斯统计理论，对于统计决策函数、统计推断、统计的估算等研究做出了贡献。

logistic回归方法可以追溯到1958年。logisitic回归方法可以直接预测出一个样本属于正样本的概率，在广告点击率预估、疾病诊断等问题上得到了应用。

k-近邻（k-NN）分类方法诞生于1967年，这是一种简单、有效的分类方法，不足之处在于训练样本较多时分类效率不高。

1979年，澳大利亚计算机科学家罗斯·昆兰（Ross Quinlan，1943—）在其发表的一篇论文中提出了经典决策树的方法——ID3算法。1986年，在《机器学习》（*Machine Learning*）杂志的创刊号上他重新发表了论文《一种决策树归纳方法》（*Induction of Decision Trees*），ID3算法从此被人们熟知并掀起了决策树研究与应用热潮。后来昆兰又提出了得到广泛应用的C4.5和C5.0决策树方法。决策树方法基于训练集构造决策树，进而得到分类规则，具有很好的可解释性。

1995年，支持向量机（Support Vector Machine，SVM）方法正式发表，由于其具有严格的理论基础和在诸多分类任务中的良好性能，因此很快成为机器学习的主流技术，并引发了统计学习热潮。SVM的基本思路早在1964

年就被提出，经过不断的改进和完善，在 20 世纪 90 年代应用于手写字符识别、人脸识别、文本分类等领域并取得良好效果，得到人们的广泛关注。深度学习方法实用化之前，SVM 方法是应用最多的机器学习方法之一。

1995 年还诞生了集成学习方法 AdaBoost，通过将一些简单的弱分类器集成起来使用，能够大幅度提高分类性能。AdaBoost 后来衍生出一个庞大的算法家族，统称 Boosting，是集成学习的主流代表技术，即使在当今这个深度学习时代，Boosting 仍然发挥着重要作用，多次在数据分析竞赛中打败深度神经网络模型。2001 年，另一种高性能的集成学习方法——随机森林方法出现。

6.2.2 聚类方法的发展

较早的聚类方法是出现于 1963 年的层次聚类方法 SLINK，20 世纪 70 年代又出现了 CLINK 方法。层次聚类就是从具体到一般逐层聚类。例如，对于图片聚类，可以先分别把猫、狗、兔、苹果、橘子、黄瓜、蕃茄的照片各自聚在一起，然后再把猫、狗、兔的照片聚为动物类，把苹果、橘子的照片聚为水果类，把黄瓜、蕃茄的照片聚为蔬菜类，还可以进一步把水果、蔬菜的照片聚类为果蔬类。这是一种符合人类日常思维的聚类方法。

经典的 k-均值聚类方法出现于 1967 年，之后出现了大量的改进方法。k-均值方法是一种典型的划分聚类方法，简洁高效，曾得到广泛应用。对于不能计算平均值的聚类问题，可以使用 k-中心点方法。

一种基于密度的聚类方法 DBSCAN 发表于 1996 年，OPTICS 也是一种基于密度的代表性聚类方法。

诞生于 2000 年左右的谱聚类方法将聚类问题转化为图切割问题，得到了较多的关注，出现了大量的改进算法。

神经网络方法也是一种重要的机器学习方法，特别是具有多个隐含层的神经网络（深度神经网络）更是近几年人工智能研究与应用的热点。神经网络方法会在第 7 章（深度学习方法）进行介绍。

6.3 分类方法

分类方法的优点是分类性能比较好，代价是需要有人工标注的足够样本数的训练集，要耗费大量的人力和时间。比如，对于图片分类问题，假设有10 000张图片需要分类，先由人工对其中的3000张进行分类，标注出每一张图片的类别，再选择一种有监督学习方法基于这3000张已标注的图片样本（训练集）学习出一个图片分类模型，其余的7000张图片由分类模型进行自动分类。有一种说法——“有多少人工，就有多少智能”，就是说人工标注样本越多、越准确，基于这样的数据集所实现的智能效果就越好。2020年2月，人力资源和社会保障部、国家市场监督管理总局、国家统计局联合向社会发布了16个新职业，其中就有“人工智能训练师”，其主要工作内容包括解决方案设计、算法调优、数据标注等。

6.3.1 分类的含义

分类的基本含义是：把数据集中的每一个数据（样本）标记上已知类别中的某个类别。例如，有一批包含苹果、桃、梨3种水果的图片，现在要把每张图片标注出来是已知3种水果中的哪一种，这就是分类。

分类具有广泛的应用，如医疗诊断中区别CT影像是否有病灶、电子商务领域的客户分类、花卉识别、文本分类等。

常用的分类方法有k-近邻方法、决策树方法、贝叶斯方法、支持向量机方法、神经网络方法等。

分类工作一般包括如下几个步骤：

（1）选择一种分类方法，依据训练数据集建立分类模型。

（2）用测试数据集评估分类模型是否可用。

（3）使用通过评估的模型进行分类。

训练数据集由训练样本组成，每一个训练样本包括若干属性值和一个类别标号。由于提供了每个训练样本的类别标号，因此分类方法也称作有监督的学习方法或有指导的学习方法。

关于一个事件或对象的描述称为一个样本或一个示例，若干个样本组成数据集合，简称数据集。例如，（姓名＝“张三”，性别＝“男”，年龄＝56，身高＝180，体重＝70）就是一个描述某人身高、体重等信息的样本数据，若干个这样的样本数据构成某人群身高、体重数据集，其中的姓名、性别、年龄、身高（单位为厘米）、体重（单位为千克）称为属性，“张三”“男”、56、180、70 称为对应的属性值。姓名值、性别值为字符串，所以要用双引号括起来。

训练数据集简称训练集，用于训练分类模型。在训练集中，每个样本不仅有属性值，还有一个类别值，这个类别值一般由人工确定（人工标注），例如，（姓名＝“张三”，性别＝“男”，年龄＝56，身高＝180，体重＝70，状态＝“正常”）就是身体质量指数训练集中的一个样本，其中的“状态”就是一个表明身体质量的类别值，类别值还有“偏瘦”“偏胖”“肥胖”等值。

一个可能的已标注身体质量指数的数据集如表 6.1 所示。

表 6.1 身体质量指数数据集

序号	姓名	性别	年龄	身高	体重	状态
1	张三	男	56	180	70	正常
2	李四	女	32	160	60	正常
3	王五	女	21	165	70	偏胖
…	…	…	…	…	…	…
100	魏岩	男	28	170	85	肥胖

一般是把标注数据集按比例分为训练数据集和测试数据集，如随机选择标注数据集中 70％的数据作为训练数据，其余 30％的数据作为测试数据。

有了训练数据集，就可以基于其中的数据总结出一些规律：偏胖的人有什么特征，偏瘦的人有什么特征，等等。如果样本量不大，这个总结规律的工作既可以人工来做，也可以用计算机（算法）来做。如果样本量比较大或很大（成千上万、数十万百万），每个样本的属性又比较多，人工就无能为力了，只能用计算机（算法）来做，就是通过一定的学习方法，学习出一个分类模型。

测试集是测试数据集的简称，用于对学习到的分类模型进行测试评估，评估分类模型是否可用。即使对于同一个训练集，选用不同的学习方法也会得到分类效果不同的分类模型，通过测试评估可以找出高质量的分类模型。经过测试评估可用的分类模型，就可以用于实际的分类工作。

测试集中的样本数据既有属性值，也有类别值（人工标注）。把测试集中每个样本的属性值输入分类模型，分类模型会计算出样本的类别，如果用分类模型计算出的类别和人工标注的类别一致，则认为分类正确。测试集中分类正确的样本数除以样本总数，就是分类准确率。分类准确率是评估分类模型质量的重要指标之一，达到一定的准确率，分类模型才可以使用。

用于分类模型的训练集和测试集，其作用类似于用于选拔学科竞赛选手的练习题和测试题。备选同学先是在老师讲解的基础上做大量的练习题，然后自己对照答案分析错误原因，逐步提高解题能力。经过一定时间一定量的练习题训练后，进行选拔测试，得分前 3 名的同学作为选手参加竞赛。练习题就是训练数据，选拔测试题就是测试数据，每位备选同学的解题能力就是一个模型（虽然这个模型并不好描述出来），测试成绩好的同学意味着训练出了一个好的模型（好的解题能力），去参加竞赛取得好成绩（获奖）的可能性更大一些。

下面以 k-近邻方法和决策树方法为例介绍分类过程。

6.3.2 懒惰的 k-近邻方法

k-近邻方法（k Nearest Neighbors，k-NN）是一种最简单的分类方法，其基本思路是：计算待分类样本和训练集中每个样本的距离，选取训练集中与待分类样本距离最近的 k 个训练样本，然后基于这 k 个近邻样本的类别来确定待分类样本的类别。确定待分类样本的类别时可基于少数服从多数的原则，即这 k 个样本中，哪个类别标记出现的次数最多，就把这个类别确定为待分类样本的类别。k-近邻方法的分类思路可对应晋代文学家、思想家傅玄

(217—278) 所著《太子少傅箴》中的一句话："近朱者赤，近墨者黑。"

之所以称k-近邻方法为懒惰的分类方法，是因为在进行实际的分类工作之前，该方法并没有进行分类模型（分类器）的训练，只是等有了分类任务，才计算待分类样本与训练集中所有样本之间的距离，然后再根据距离最近的 k 个样本的类别确定待分类样本的类别。

现在看一个分类示例，如图6.1所示。训练集中有11个样本，6个方块样本和5个三角样本（代表两类不同的数据），现在有一个待分类样本（圆形），需要确定其类别。按照k-近邻方法的思路，如果选择 $k=5$，则5个最近邻样本就是图中虚线圆圈内的样本：2个三角和3个方块，所以待分类样本（圆形）的类别应确定为方块。

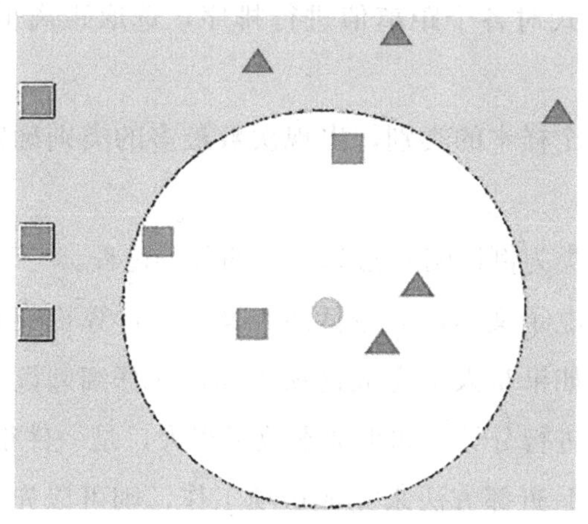

图6.1 k-近邻方法分类示意图

使用k-近邻方法对数据进行分类，有两个问题需要先行确定：一是，k 的取值。不同的 k 值，可能会导致不同的分类结果，对于图6.1所示数据，如果选定 k 值为3，读者可以自行分析待分类样本的类别是什么。二是，如何计算样本间的距离。选择不同的距离计算方法，也可能会导致不同的分类结果。

样本间距离的计算，可以选择计算欧氏距离，当然还有其他的距离计算方法可选。二维空间（平面）中的两个点 $x_1(x_{11},\ x_{12})$ 和 $x_2(x_{21},\ x_{22})$ 的欧式距离计算公式如下：

$$\text{dist}(x_1, x_2)=\sqrt{(x_{11}-x_{21})^2+(x_{12}-x_{22})^2}$$

其中的 (x_{11}, x_{12}) 和 (x_{21}, x_{22}) 分别是 2 个样本点的属性值（横坐标值、纵坐标值）。

如果一个样本有多个属性，欧式距离计算公式如下：

$$\text{dist}(x_i, x_j)=\sqrt{\sum_{k=1}^{n}(x_{ik}-x_{jk})^2}$$

距离值越小，样本间的相似度越高；距离值越大，样本间的相似度越低。

用 k-近邻方法对某个待分类样本进行分类时，如果选定了 k 值和距离计算方法，可以按如下步骤完成分类：

（1）分别计算训练集中所有样本与待分类样本之间的距离值。

（2）按递增方式对各个距离值进行排序，选取距离值最小的 k 个训练样本。

（3）统计这 k 个样本的类别，出现次数最多的类别确定为待分类样本的类别。

下面以文本分类为例说明 k-近邻方法的分类过程。

如果有若干篇电子文本，只包括两类文章：计算机类和医学类，现要把它们按类别分开，如果是人工完成这项工作，在仔细阅读或大致阅读了解其主要内容的基础上进行分类，如果文本数量很大，是一件很费时费力的事情。如果让计算机基于 k-近邻方法来完成这项工作，则可以先人工标注（人工分类）其中一少部分文本，构成训练集，然后按上面所述步骤进行自动分类。那么，文本之间的距离如何计算呢？

要计算文本间的距离，首先要对文本进行分词，即把一个文本拆分为一个一个的词，如一个句子“人工智能的快速发展与广泛应用，既是重大机遇，也面临挑战。”经过分词处理，得到词序列“人工智能”“的”“快速”“发展”“与”“广泛”“应用”“既是”“重大”“机遇”“也”“面临”“挑战”，并把对分类没有作用的“的”“与”“既是”“也”等停用词去掉。目前有专门的分词软件来完成该项工作。分词工作完成后，计算出两个文本的词之间的距离

(如欧氏距离)，就是两个文本的距离。

下面通过一个简单的例子来说明文本分类过程。为了便于叙述和理解，假定训练集有6个文本，医学类和计算机类各3个，出现在6个文本中的词一共有10个（去掉停用词之后)，分词之后的训练集文本数据如表6.2所示，$w_1 \sim w_{10}$ 代表10个词，表中的“1”代表某个词在某个文本中出现，“0”代表不出现。

表6.2 训练集文本表示示例

文本编号	词编号										类别
	w_1	w_2	w_3	w_4	w_5	w_6	w_7	w_8	w_9	w_{10}	
1	1	1	1	1	1	0	0	0	0	0	医学
2	0	0	0	0	0	1	1	1	1	1	计算机
3	1	1	0	1	1	0	0	1	0	0	医学
4	0	1	0	0	0	1	1	0	1	1	计算机
5	1	1	1	0	1	0	0	0	1	0	医学
6	0	1	0	0	0	1	1	1	1	0	计算机

如果有一个待分类文本，分词后的数据表示为：

[0，1，1，0，1，0，0，0，1，1]

按照上面的欧式距离公式计算出该文本和训练集中文本1～6的距离分别为 [2，$\sqrt{6}$，$\sqrt{6}$，2，$\sqrt{2}$，$\sqrt{6}$]，待分类文本和文本5的距离最近，然后是和文本1与文本4的距离近，由于文本5、1的类别都是“医学”，所以按k-近邻方法，k 的值取1、2、3时，待分类文本都应分类为“医学”。

这里是基于最简单的示例介绍最基本的文本分类思路，目前实际的文本分类涉及成千上万以至更多的文本数量，经分词处理后词的数量也可达几千至上万的规模。词在文本中的出现也有很多更科学的表示方式，还出现了基于语义的距离计算方式。使用深度神经网络模型进行文本分类时，还可以生成每个词的词向量表示。

6.3.3 直观的决策树方法

决策树方法是一种既简单又常用的分类方法，其基本思路是：根据训练集样本构造（学习出）一棵决策树，决策树由一个根结点、若干个内部结点和若干个叶结点组成。根结点和每个内部结点表示在一个属性上的测试，每个分支代表一个测试输出，而每个叶结点代表类或类分布。从根结点到一个叶结点形成一条分类规则，一棵决策树形成若干条分类规则，这些分类规则合起来就是一个分类模型。待分类数据符合哪条分类规则，就按哪条分类规则进行类别确认。

买西瓜时，常看到一些懂行的人，拿起一个西瓜，看一看，敲一敲，拍一拍，就能判断出西瓜的质量，选到好瓜。在这些人的大脑中有一些根据多年的经验（自己实践摸索、别人传授、网上查阅）形成的判断规则。对于没有挑瓜经验的人，买到的西瓜质量高低，更多凭的是运气。

周志华教授在其所著《机器学习》一书中，对决策树方法就是以判断西瓜的好坏为例介绍的，给出了如表 6.3 所示描述西瓜的数据集以及对应的如图 6.2 所示的决策树。

表 6.3　西瓜数据集 2.0

编号	色泽	根蒂	敲声	纹理	脐部	触感	好瓜
1	青绿	蜷缩	浊响	清晰	凹陷	硬滑	是
2	乌黑	蜷缩	沉闷	清晰	凹陷	硬滑	是
3	乌黑	蜷缩	浊响	清晰	凹陷	硬滑	是
4	青绿	蜷缩	沉闷	清晰	凹陷	硬滑	是
5	浅白	蜷缩	浊响	清晰	凹陷	硬滑	是
6	青绿	稍蜷	浊响	清晰	稍凹	软黏	是
7	乌黑	稍蜷	浊响	稍糊	稍凹	软黏	是
8	乌黑	稍蜷	浊响	清晰	稍凹	硬滑	是
9	乌黑	稍蜷	沉闷	稍糊	稍凹	硬滑	否
10	青绿	硬挺	清脆	清晰	平坦	软黏	否

续表

编号	色泽	根蒂	敲声	纹理	脐部	触感	好瓜
11	浅白	硬挺	清脆	模糊	平坦	硬滑	否
12	浅白	蜷缩	浊响	模糊	平坦	软黏	否
13	青绿	稍蜷	浊响	稍糊	凹陷	硬滑	否
14	浅白	稍蜷	沉闷	稍糊	凹陷	硬滑	否
15	乌黑	稍蜷	浊响	清晰	稍凹	软黏	否
16	浅白	蜷缩	浊响	模糊	平坦	硬滑	否
17	青绿	蜷缩	沉闷	稍糊	稍凹	硬滑	否

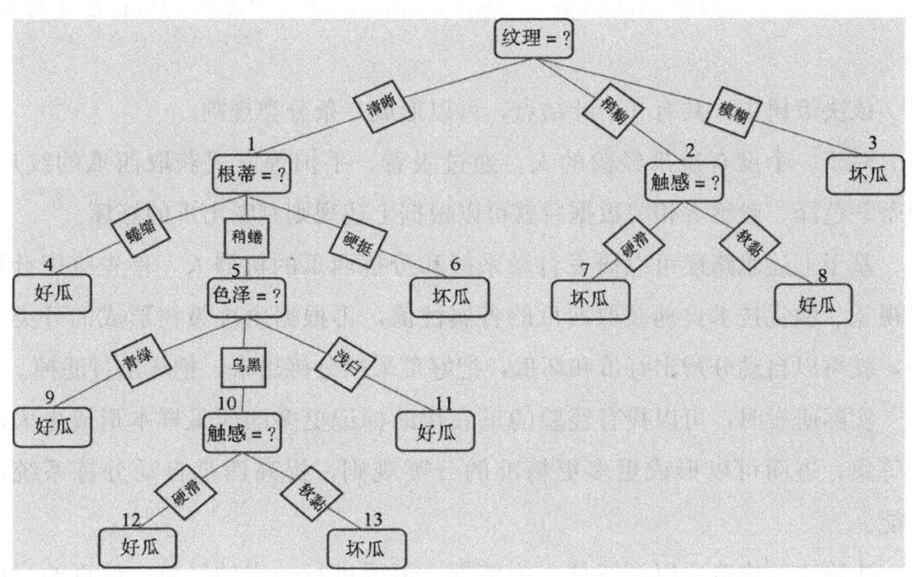

图 6.2　西瓜数据集 2.0 对应的决策树

对于决策树可以这样理解：根结点包含所有的训练样本，决策树的构造过程就是对训练集的分解过程，通过属性值的不同把样本分开。

首先根据纹理属性取值的不同分解训练集，因为纹理有 3 个不同的取值（清晰、稍糊、模糊），所以可以把根结点分为 3 个子集，对应 3 个结点。

对于编号为 1 的结点，还可以根据根蒂属性值的不同继续分解，根蒂也有 3 个不同的取值（蜷缩、稍蜷、硬挺），结点 1 分解为 3 个结点：4、5、6，由于结点 4 中只包含“好瓜”样本，该结点不用再分解，标记为“好瓜”；同样结点 6 中只包含“坏瓜”样本，标记为“坏瓜”，不再继续分解，按这样的思路去处理其他结点，最后得到如图 6.2 所示的决策树。

决策树中，最上面的结点称为根结点，没有分支的结点为叶结点，其他结点为内部结点。从决策树的根结点到某个叶结点的一条路径对应着一条分类规则，整棵决策树对应着一组分类规则。

例如，从图 6.2 的根结点到叶结点 11 的一条规则如下：

if 纹理＝“清晰”and 根蒂＝“稍蜷”and 色泽＝“浅白”then 瓜是好瓜

该决策树中，共有 9 个叶结点，可以形成 9 条分类规则。

对于一个没有挑瓜经验的人，通过眼看、手拍等方式获取西瓜的纹理、根蒂、色泽、触感等相关数据后就可以根据上述规则判断出瓜的好坏。

基于上述思路还可以研发自动采摘和分拣西瓜的机器人，首先应用计算机视觉、触觉技术自动获取西瓜的各属性值，再根据由决策树形成的分类规则，就可以自动分辨出好瓜和坏瓜，把好瓜采摘分拣出来，把坏瓜过滤掉。

实际研发时，可以找有经验的瓜农帮助标记更多的西瓜样本形成更大的训练集，进而可以形成更多更精准的分类规则，提高西瓜自动分拣系统的性能。

决策树的构造要以训练样本为依据，需要进行一定的计算。计算的目的主要是分解根结点及内部结点。分解根结点或某个内部结点时，往往有多个属性可以选用，先选用哪个属性，后选用哪个属性，构造出的决策树是不一样的，形成的分类规则也是不一样的，即得到的分类模型是不一样的，如何才能生成一个质量较高的分类模型（一组较好的分类规则）是决策树算法的关键所在。

一般认为，在训练集确定的情况下，一棵较小的决策树具有更好的分类性能。为了得到一棵较小的决策树，人们提出了不同的计算方式（或称为属性选择方法），信息增益、信息增益率、基尼系数等是常用的属性选择方法，在构造决策树过程中，用这些方法选择各个属性的使用顺序可以得到一棵较小的决策树，进而得到质量较高的分类规则，具有较高的分类准确率。

一个结点可以分解为几个结点，被分解的结点称为父结点，分解后形成的结点称为子结点。每个结点都对应若干个样本数据，一个结点对应的样本数据如果分散在较多的类中，说明数据的混乱程度比较高，从香农信息论的角度来说，熵值比较大，信息量比较小；反之，一个结点对应的样本数据如果集中在较少的类中，说明数据比较清晰，熵值比较小，信息量比较大，如果都是同一类数据，其熵值为0。

一个结点分解为几个子结点，父结点的熵值一般大于几个子结点的熵值之和，即结点分解会降低熵值（降低数据的混乱程度、增加信息量），哪个属性能使结点分解后的信息量增加最多，就选用哪个属性进行结点的分解，这就是信息增益（信息增加）的含义。经典的决策树方法——ID3算法就是通过计算信息增益来选择用哪个属性分解结点。如果每次分解都能产生最大的信息增益，就会构造出层数较少、结点数较少的较小的决策树。

6.4 聚类方法

聚类与分类的区别在于聚类没有训练集，样本足够多、标注准确的高质量训练集对于提高分类准确率至关重要。但人工标注，特别是大数据量的准确标注需要大量的人工和时间，有的领域需要专家级的人工，成本是很高的。聚类基于没有标注的数据（数据只有属性值，没有类别标记）进行学习，并把数据分组。聚类的优点是无须训练集，不足是聚类性能不高。

6.4.1 聚类的含义

聚类就是把一个数据集分成若干分组（分组也称为簇），聚类的评价标准是：组内数据具有较高的相似度，组间数据具有较低的相似度。

聚类问题可描述为：给定一个有 n 个样本的数据集，将其划分为 k 个分组，且这 k 个分组满足条件：①每一个分组至少包含一个样本。②每一个样本属于且仅属于一个分组。

k-均值方法和 k-中心点方法是两种常用的聚类方法。

6.4.2 k-均值方法

k-均值方法的基本思路是：对于 n 个样本的数据集和给定的分组个数 k，首先给出一个初始的划分分组，之后通过反复迭代的方式改变分组，使得每一次改进之后的分组都较前一次更好，直至分组不再发生变化。

具体步骤：

（1）从 n 个样本中随机选择 k 个样本，作为 k 个分组的初始中心。

（2）对其余的每个样本，根据其与各个分组中心的距离，将它分给距离最近的分组。

（3）重新计算每个分组中所有样本的平均值作为新的分组中心。

（4）重复步骤（2）和（3），直到所有分组内的样本不再变化。

（5）k 个分组的样本就是聚类的结果。

直到所有分组内的样本不再变化，满足这个结束聚类的条件有时可能需要过多的重复步骤（2）和（3），导致过长的程序运行时间。实际聚类时，可以设置一个重复次数或样本变化个数阈值作为结束条件，即步骤（2）和（3）重复到设定的次数就停止，或所有分组内变化样本的个数相对于总样本数小于某个设定的比例值就停止。

6.4.3 k-中心点方法

如果样本的每个属性的取值都为数值或能转化为合适的数值，就能够计算平均值和使用 k-均值方法。然而，很多时候样本属性的取值不都是数值，甚至于都不是数值，而且也无法转换为合适的数值，此时便不能计算平均值，k-均值方法不再适用，这样的情形可以改用 k-中心点方法。

k-中心点方法的基本思路：首先随机选择 k 个样本作为初始中心样本，尝试用非中心样本替换中心样本，如果能改善分组效果（使各组内样本的相似度更高），就更换中心样本，反复进行这样的工作，直至找出最合适的 k 个中心样本，从而得到相应的聚类结果。

具体步骤：

（1）从 n 个样本中随机选择 k 个样本作为每个分组的初始中心样本。

（2）对其余的每个非中心样本，根据其与各个分组中心的距离，将它分给距离最近的分组。

（3）用非中心样本替换中心样本作为分组新的中心样本。

（4）重复步骤（2）和（3），直到所有分组内的样本不再变化。

（5）k 个分组的样本就是聚类的结果。

k-中心点方法的工作流程可以用班级同学分组做类比。一个班有 40 名同学，组织郊游要分成 3 个小组，班内同学两两之间的关系可以看作是两人之间的距离，关系越好，距离越小。目标是得到好的分组，好的分组的评价标准是：总体上看每位同学对其所在组的组长满意度较高，即和所在组的组长关系比较好。

好的分组可以通过如下步骤得到：

（1）从 40 名同学中，随机指定 3 名同学为 3 个组的临时组长。

（2）其余的 37 名同学，觉得和哪位临时组长的关系最好，就可以选择到哪个组，这样每个组有一位临时组长和若干位非组长同学。计算出所有同学对分组总的满意度，即每位同学的满意度之和。每位同学的满意度取决于和其所在组临时组长的关系，关系越好，满意度越高。

（3）对于一个组，可以试着让一位非组长同学替换临时组长，这样就有了新的 3 位临时组长，其余的 37 位同学根据与新的 3 位临时组长的关系可以重新选择在哪个组。再次计算所有同学对分组总的满意度，如果总的满意度高于调换临时组长之前的总满意度，则完成临时组长的替换，否则不换临时组长。

反复做步骤（3）的工作，让所有同学都有尝试当临时组长的机会（是否真能当上临时组长，就看同学们总的满意度），直至总的满意度不再提高，就把总满意度最高时的 3 位临时组长确定为正式组长，此时的分组就是好的分组。

6.5 弱监督学习方法

传统上，机器学习方法分为有监督学习和无监督学习，对应着分类与聚类。一般来说，有监督学习方法具有更好的学习性能，但获取合适的训练集需要人工高质量标注足够多的样本，这需要大量的人工和经费成本，特别是像医学影像之类的数据，其样本标注工作（标记出病灶）需要专家级水平，实现起来难度较大。完全没有训练集的无监督学习方法，其性能又往往较差。

近些年出现了既不需要完整的训练集，又能比无监督学习具有较高性能的弱监督学习方法。弱监督学习的训练集中，少部分数据样本有类别标注，大部分数据样本没有类别标注。弱监督通常分为三种类型：不完全监督、不确切监督、不准确监督。半监督学习、迁移学习、强化学习都属于弱监督学习。

6.5.1 半监督学习方法

半监督学习（Semi-Supervised Learning）介于有监督学习和无监督学习之间，少量的标记样本和大量的无标记样本用于机器学习。少量的标记样本无须耗费大量的人工和经费成本，实现起来相对容易一些，但却能显著改善机器学习性能。比如，对于k-均值方法或k-中心点方法来说，k个初始中心点的选择对聚类的性能影响较大，随机选择初始聚类中心时，有可能几个中心样本都属于同一类别，性能就不稳定。如果有少量的标记样本，就可用于选择到比较好的初始聚类中心（分别来自不同的类），从而较好地保证聚类性能。

半监督学习方法已广泛应用于社会网络分析、文本分类、图像识别等领域。

6.5.2 迁移学习方法

迁移学习（Transfer Learning）是指把在一个领域（源领域）训练好的模型，迁移应用到另外一个领域（目标领域），使得目标领域能够取得更好的学习效果。

在实际应用中，有些领域没有合适的训练集可用，如果相近的领域有训练好的模型，可以借鉴过来使用，使用前可以用新领域少量的标注样本对模型进行适当的优化调整。迁移学习的思路在日常工作、学习和生活中比较常见，遇到新的不熟悉的问题或场景，往往是基于其他领域已有的知识与经验去解决和探索，并逐步学习了解新问题、新场景的特点，逐渐调整优化已有的知识与经验，逐步形成适合新问题、新场景的知识与经验。

例如，如果我们在中小学没有学习过程序设计课程，上大学后学习 Python 语言程序设计时，一开始只能基于中小学学习数学、物理等课程的学习经验来努力学好这门课程，随着学习时间的推移和学习内容的深入，我们会发现完全基于数学、物理等课程的学习经验（认真听老师讲解、认真看书、大量做题等）并不能完全把程序设计学好，在理解基本内容的基础上多上机调试程序是学好程序设计的主要因素，逐渐地由完全基于数学、物理等课程的学习经验，逐步总结出适合学习程序设计课程的学习方法与学习经验。

6.5.3　强化学习方法

强化学习（Reinforcement Learning）是指智能体与环境不断交互，不断试错又不断进步，从而不断改善自身能力的过程。

前面介绍的有监督学习方法、无监督学习方法都是基于数据的学习方法，从大量的已知数据中总结规律（知识）并应用规律（知识）解决问题，一定程度上类似于人从书本上学习知识。而强化学习类似于人从实践中学习知识，通过与环境的感知不断增强自身的相关认知与能力。幼儿园的小朋友通过老师的表扬、奖励或引导、批评逐渐知道什么事该做、什么事不该做就是强化学习的体现。其实，人学习知识提高自身能力素质，既有向书本学习的成分。也有向实践学习（强化学习）的成分。婴幼儿时期，强化学习成分多一些，随着年龄的增加，向书本学习的成分逐渐多起来。

第 7 章　深度学习方法

近几年人工智能得到人们的广泛认可，一个主要原因就在于人工智能技术的实用化给人们的日常工作、学习、生活带来了便利。深度学习源于神经网络，神经网络是一种重要的机器学习方法。近几年得到广泛应用的深度学习模型就是多层的神经网络，人脸识别、语音识别、机器翻译等达到实用化水平都是深度学习方法的贡献。

7.1　神经网络的早期发展

严格来说，神经网络有两种，一种是生物神经网络，另一种是人工神经网络。从医学角度来说，人的大脑就是一个生物神经网络，由大约 860 亿个神经元组成，每个神经元与其他神经元之间大约有 2000 个连接，所以人的大脑的所有神经元之间大约有 150 万亿个连接，这个生物神经网络接收全身各器官感觉到的视觉信息、听觉信息、触觉信息、味觉信息等各类信息，经它整合加工后生成协调的动作（奔跑、说话、思考等），或者储存在中枢神经系统内成为学习、记忆的神经基础，人类的思维活动也是生物神经网络的功能。简而言之，人类的智能就产生于这众多的神经元和神经元之间的连接。

人脑神经元的主体部分为细胞体，由细胞核、细胞质、细胞膜等组成，神经元还包括若干树突和一条长的轴突，轴突末端有许多分支，称为轴突末梢，一个神经元通过轴突末梢与其他神经元相连接，如图 7.1 所示。轴突用来传递和输出信号，其末端的多个轴突末梢为信号输出端子，将神经冲动（各种感觉信息）传递给其他神经元。由细胞体向外延伸出的其他多个较短的分支称为树突，树突相当于神经元的输入端，树突上的各点都能接收其他神经元的冲动。神经元具有两种常规工作状态——激活与抑制，当传入的神经冲动使细胞膜电位升高超过阈值时，神经元被激活进入兴奋状态，产生神经冲动并由轴突输出；当传入的冲动使细胞膜电位下降低于阈值时，神经元进入抑制状态，没有神经冲动输出。

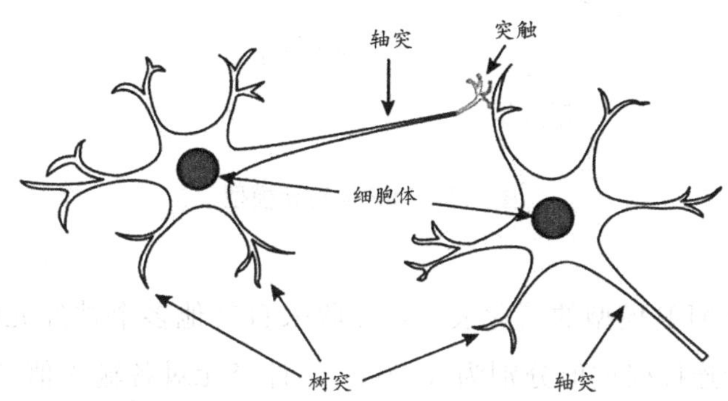

图 7.1　人脑神经元结构示意图

人工智能领域所说的神经网络是指人工神经网络（Artificial Neural Network，ANN），是模拟生物神经网络在计算机上人工构建的神经网络，从结构上模拟人脑，期望人工神经网络能产生类似于生物神经网络的智能。为叙述简便，后面的人工神经网络一般简称为神经网络。

7.1.1　麦卡洛克和皮茨与最早的神经网络

最早提出神经元模型的是美国神经心理学家沃伦·麦卡洛克（Warren McCulloch，1898—1969）和数学家沃尔特·皮茨（Walter Pitts，1923—1969）。1943 年，他们在《数学生物物理学通报》（*Bulletin of Mathematical Biophysics*）期刊上合作发表了论文《神经活动中内在思想的逻辑计算》（*A Logical Calculus of the Ideas Immanent in Nervous Activity*）。论文的核心内容是用数学模型来描述人脑的神经活动，麦卡洛克的专长是神经科学，皮茨精通数学，两人合作也算是强强联合。论文中提出的神经元数学模型（M-P 模型，取自两人名字的首字母）奠定了人工神经网络的基础。

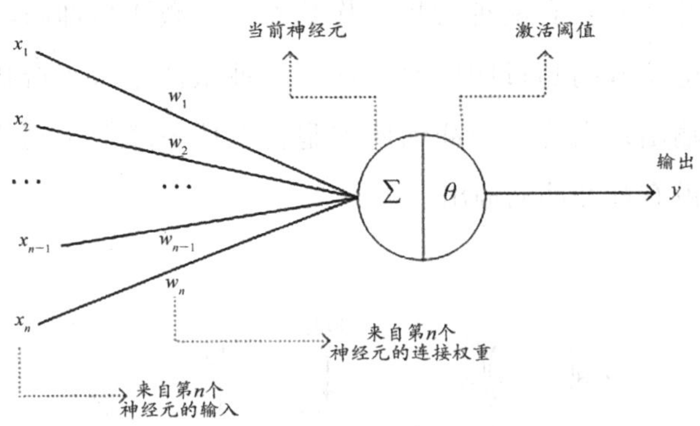

图 7.2　M-P 神经元模型

图 7.2 为 M-P 模型的简化表示，接收来自其他多个神经元的信息 x_1～x_n，其对应的连接权重值分别为 w_1～w_n，神经元对各输入值进行加权求和计算，当累加和大于阈值 θ 时，神经元被激活，得到当前神经元的输出 y，否则处于抑制状态，没有输出值。

7.1.2　赫布与赫布学习规则

在 M-P 模型中，对于来自不同神经元的输入，具有各自不同的连接权重值。只有确定了合适的权重值，才能发挥出神经网络的应有作用。加拿大神经心理学家唐纳德·赫布（Donald Olding Hebb，1904—1985）受巴甫洛夫条件反射实验的启发提出了赫布学习规则，试图来解决这个问题。

伊万·彼德罗维奇·巴甫洛夫（Иван Петрович Павлов，1849—1936），俄罗斯生理学家、心理学家，条件反射理论的提出者。因在消化系统生理学方面取得的开拓性成就，获得了 1904 年度的诺贝尔生理学或医学奖，是俄罗斯第一位获得诺贝尔奖的科学家。

巴甫洛夫做过一个著名的实验——巴甫洛夫条件反射实验，以狗为实验对象来建立铃声引起唾液分泌的实验。实验之前，把狗固定于隔音室食物台前，并安装好收集狗唾液的装置。实验开始时，先呈现铃声，狗并未分泌唾液。之后，让铃声先于食物数秒钟出现。将铃声与食物多次配对出现后，当只给铃声而无食物时，也会引起狗分泌唾液。在这类实验的基础上，巴甫洛夫提出了条件反射学说。

受巴甫洛夫条件反射实验的启发，赫布认为两个神经元同时被激活的概率越高，它们之间的联系就越紧密，连接权重值就越大；相反，如果两个神经元同时被激活的概率越低，它们的联系就越弱，连接权重值就越小。在1949 年出版的《行为组织学》（*Organization of Behavior*）一书中，赫布提出了被后人称为“赫布学习规则”的学习机制。赫布学习规则为确定神经网络的连接权重值奠定了基础。

7.1.3　罗森布拉特与感知器

神经网络研究的一个重大突破出现在 1957 年，受赫布学习规则的启发，美国康奈尔大学心理学教授弗兰克·罗森布拉特（Frank Rosenblatt，1928—1971）在 M-P 模型的基础上，在一台 IBM 704 计算机上模拟实现了一个他自己称之为“感知器”（Perceptron）的神经网络模型，这个模型可以完成图片分类等简单的视觉处理任务。如图 7.3 所示为感知器示意图。相对于 M-P 模型，感知器使用了激活函数，并能够对连接权重进行训练。

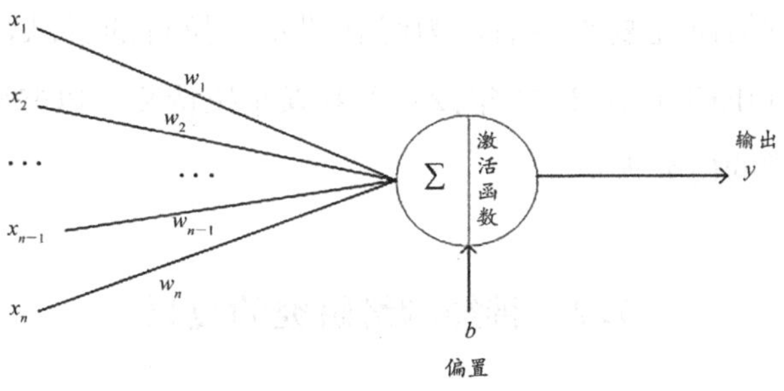

图 7.3　感知器

在实际的实验过程中，罗森布拉特使用了 50 组图片，每组都由一张标记为“左”和一张标记为“右”的图片组成，其中“左”和“右”分别对应感知器分类结果的“0”与“1”。通过实验罗森布拉特发现，在不断进行学习的过程中，通过不断人工调整权重值，感知器逐渐地学习到了各个连接权重的最佳值，并且可以在没有人工干预的情况下正确判断出图片的类别。

1962 年，罗森布拉特出版了著作《神经动力学原理：感知器和大脑机制的理论》（*Principles of Neurodynamics*：*Perceptrons and the Theory of Brain Mechanisms*），总结了他的研究成果，在当时产生了很大的影响。

感知器模型第一次把神经网络研究从纯理论推向实际应用，主要用于图片分类，掀起了神经网络研究的第一次热潮。但感知器只能解决线性可分问题，不能解决非线性问题。特别是明斯基等人在 1969 年出版的《感知器：计算几何学》（*Perceptrons*：*An Introduction to Computational Geometry*）一书中证明单层神经网络解决不了数学上简单的异或（XOR）问题，指出了神经网络的局限性。明斯基是达特茅斯会议的组织者之一，图灵奖获得者，人工智能领域的著名学者，他对神经网络的看法是有很大影响力的，导致神经网络研究陷入了长达近 20 年的低谷。

异或运算是一种基本的逻辑运算，其运算规则为：如果参与运算的两个逻辑值相同，则结果为 0，否则结果为 1。即 $1\oplus1=0$，$0\oplus0=0$，$0\oplus1=1$，$1\oplus0=1$，$\oplus$为异或运算符。

后来神经网络研究复兴之后，为纪念罗森布拉特的贡献，国际电气与电子工程师学会（IEEE）在 2004 年设立了罗森布拉特奖，以奖励在神经网络领域做出杰出贡献的研究人员。

7.2 神经网络研究的复兴

7.2.1 霍普菲尔德和霍普菲尔德神经网络

1982 年，在美国加州理工学院担任生物物理学教授的约翰·霍普菲尔德（John Hopfield，1933—）提出了一种新的神经网络，引入了计算能量函数的概念，给出了网络稳定性判据，可以解决一大类模式识别问题，还可以给出一类组合优化问题的近似解，人们称这种新的神经网络为霍普菲尔德神经网络。霍普菲尔德神经网络的提出，推动了神经网络研究在20世纪80年代的复兴。

1984年，霍普菲尔德用模拟集成电路实现了霍普菲尔德神经网络，网络中的每个单元由运算放大器和电容电阻这些元件组成，每一单元相当于一个神经元。输入信号以电压形式加到各单元上。各个单元相互连接，接收到电压信号以后，经过一定时间网络各部分的电流和电压达到某个稳定状态，它的输出电压就表示问题的解答。

霍普菲尔德神经网络按照处理输入样本的不同，可以分成离散型和连续型。在进行计算机仿真（软件实现）时采用离散型，用硬件实现时采用连续型。

7.2.2 沃博慈和鲁梅哈特与BP神经网络

1974年，保罗·沃博慈（Paul J. Werbos，1947—）在其博士学位论文中证明：除输入输出层外，给感知器神经网络再增加一层，并利用误差的反向传播（Back Propagation，BP）算法来训练神经网络，就能解决异或问题。也许是年轻博士的影响力不够大，以及当时还处于神经网络研究的低谷，论文并没有引起太多关注。

1986年，大卫·鲁梅哈特（David Rumelhart，1942—2011）、杰弗里·辛顿（Geoffrey Hinton，1947—）、罗纳德·威廉姆斯（Ronald Williams）合作发表了题为《通过误差传播学习内部表示》（*Learning Internal Representations by Error Propagation*）和《通过反向传播误差学习表示》（*Learning Representations by Backpropagating Errors*）的两篇论文，论文重新设计了BP算法，系统地解决了多层神经网络中隐层单元连接权重值的学习问题，并在数学层面上给出了完整的推导。BP算法使神经网络研究走出低谷，掀起了第二次热潮。论文作者之一的辛顿就是获得2018年度图灵奖的那位辛顿。

应用BP算法训练的神经网络称为BP神经网络模型，其基本结构如图7.4所示。BP网络一般包含一个输入层、一个输出层和若干个隐含层，当只有一个隐含层时，BP学习算法是有效的，在合适的训练集的支持下能够较好地学习到各连接权重的合适值，BP 算法只适用于层数较少的浅层神经网络，因而 BP 网络只能解决一些比较简单的问题。

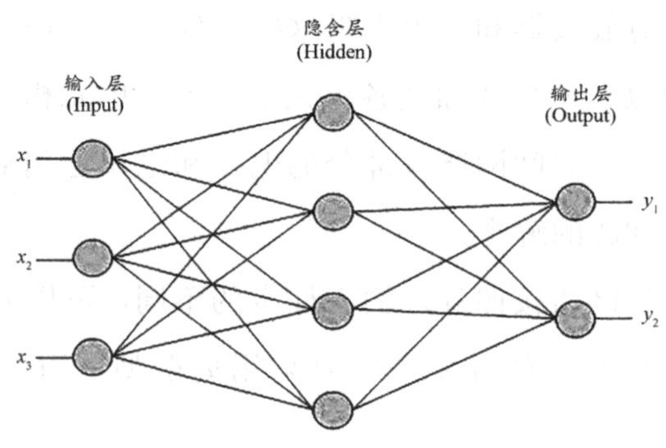

图 7.4 BP 神经网络模型结构

基本 BP 算法包括信号的前向传播和误差的反向传播两个过程。即计算实际输出值与期望输出值之差（误差）时按从输入到输出的方向进行，而调整权重值则从输出到输入的方向进行。正向传播时，输入值通过隐含层进行加权求和计算，再经过非线性变换产生输出值，若实际输出值与期望输出值不相符，则转入误差的反向传播过程。误差反传是将输出误差通过隐含层向输入层逐层反传，并将误差分摊给各层所有单元，以从各层获得的误差值作为调整各单元权重值的依据。通过调整输入结点与隐含层结点的连接权重值和隐含层结点与输出结点的连接权重值，使误差不断下降，经过反复训练，确定出合适的权重值。对于训练集中的每个样本，都进行上述训练，直至每个样本的实际输出值与期望输出值相符，则模型训练完成，即模型中的每个连接都有了一个合适的权重值。

7.3 深度神经网络

随着计算机应用的不断深入和拓展，积累的数字化数据越来越多，基于计算机技术自动高效处理图像、语音、文本等信息的需求越来越大，人们尝试用增加神经网络层数的方法来解决这些问题。一个神经网络模型一般包括一个输入层、一个输出层和若干个隐含层，有多个隐含层时称为深度神经网络或深层神经网络（Deep Neural Networks，DNN），没有隐含层或隐含层个数较少时称为浅层神经网络。作为深度学习模型的深度神经网络，训练好之后才能实际应用，对模型的训练过程，也称为模型的学习过程，就是在训练集的支持下，通过一定的学习方法得到各个连接的合适权重值，要想获得好的连接权重值，学习方法发挥着重要作用。深度学习方法就是训练深度学习模型所用的学习方法（BP算法不适合深度神经网络的训练），现在说的深度学习泛指深度神经网络模型和深度学习算法（方法）。实际上早在1965年，阿列克谢·伊瓦赫年科（Alexey G. Ivakhnenko，1913—2007）就提出了建立多层神经网络的设想，只不过由于当时的计算机性能、用于训练神经网络的大数据、合适的学习算法等因素的限制，深度学习一直没有具体实现。

7.3.1 福岛邦彦和杨立昆与卷积神经网络

同为神经生物教授的大卫·休伯尔（David H. Hubel，1926—2013）和托斯坦·威泽尔（Torsten N. Wiesel，1924—）由于对视觉系统信息处理的研究成果，和研究左右脑功能的心理生物学教授罗杰·斯佩里（Roger W. Sperry,1913—1994）共同获得1981年度诺贝尔生理学或医学奖。

1958年，休伯尔和威泽尔研究瞳孔区域和大脑皮层神经元的对应关系。经过对小猫的反复实验，验证了一个猜测：位于后脑皮层的不同视觉神经元，与瞳孔所受刺激之间，存在某种对应关系。一旦瞳孔受到某一种刺激，后脑皮层的某一部分神经元就会被激活。当时发现了一种被称为“方向选择性细胞”的神经元。当瞳孔发现了眼前物体的边缘，而且这个边缘指向某个方向时，这种神经元细胞就会活跃。这个发现使人们认为，神经元—神经中枢—大脑的工作过程，或许是一个不断迭代、不断抽象的过程。功能相同的神经元细胞体汇集在一起，调节人体的某一项相应的生理活动，神经中枢是指调节某一特定生理功能的神经元群。

由休伯尔和威泽尔的研究可知，大脑对于一个可见物体（如液晶显示器）

的认知过程大致是这样的：感知到原始信号（由瞳孔摄入）、初步处理（大脑皮层某些神经元发现物体的边缘和方向）、抽象处理（由大脑判定物体的形状是长方形）、进一步抽象处理（大脑进一步判定该物体是一台液晶显示器）。

总的来说，人的视觉系统对所感知信息的处理是分级的，包括从低级的边缘特征提取，到较高级的形状或者部分目标的确认，再到高级的全部目标及目标行为的确认等。高层特征是低层特征的组合，从低层到高层的特征表示越来越抽象，越来越能表现语义认知。抽象层级越高，就越容易正确分类及识别。

受休伯尔和威泽尔研究发现的启发，研究人员设计了卷积神经网络（Convolutional Neural Networks，CNN）。

最早开展卷积神经网络研究的是日本学者福岛邦彦（Kunihiko Fukushima），他在 1979 年至 1980 年期间仿照生物的视觉皮层设计了以“neocognitron”（神经认知机）命名的神经网络，其隐含层由 S 层（Simple-layer）和 C 层（Complex-layer）交替构成。其中 S 层单元在感受野内对图像特征进行提取，C 层单元接收和响应不同感受野返回的相同特征，S 层-C 层组合能够进行特征提取和筛选，部分实现了卷积神经网络中卷积层和池化层的功能。由于在早期卷积神经网络结构上的贡献，福岛邦彦获得 2021 年度鲍尔科学成就奖。鲍尔科学成就奖设立于 1826 年，是美国历史最悠久的综合性科学和技术奖励计划。

对于处理图像信息的卷积神经网络，当前层某个神经元的值只受输入层（图像）某个区域的影响，输入层的这个区域就称为当前层那个神经元的感受野（Receptive Field）。

影响比较大的卷积神经网络模型是杨立昆、约书亚·本吉奥等人在 1998 年发表的《基于梯度学习的文档识别》（*Gradient-Based Learning Applied to Document Recognition*）论文中提出的 LeNet-5。LeNet-5 是一个得到实际应用的卷积神经网络模型，曾用于美国银行支票、邮政信件上手写数字的识别。在 20 世纪 90 年代末期，该系统曾经处理了美国 10%～20%的支票识别工作。

其实，杨立昆早在 1989 年发表的《反向传播应用于手写邮政编码识别》

(*Backpropagation Applied to Handwritten Zip Code Recognition*)的论文中就设计了卷积神经网络 LeNet。这个名字是杨立昆 1988 年在贝尔实验室工作时，其所在部门的主管给命名的，“Le”取自作者的名字“LeCun”。LeNet 的最初版本包含 2 个卷积层和 2 个全连接层，共 6.4 万个连接。LeNet-5 是对 LeNet 的改进和完善，增加了具有特征筛选作用的池化层。LeNet-5 及其之后的改进确立了现代卷积神经网络的基本结构。杨立昆的贡献还包括改进反向传播算法、拓宽神经网络的视角等。

一个卷积神经网络可以包含多个卷积层和池化层，卷积的作用可以看作是对某种特征的提取。例如，第一个卷积层从图片的原始像素数据中提取到一些边缘特征或轮廓，第二个卷积层可以从这些边缘特征中进一步提取到简单的形状特征，第三个卷积层可以从这些简单的形状特征中再进一步提取到更高级的特征。池化层的作用是减少模型参数的个数，提高模型训练速度。卷积与池化合起来的作用就是高质量、高效率地完成模型训练工作。卷积神经网络广泛应用于字符识别、人脸识别、手势识别等领域。

7.3.2 辛顿与深度学习方法

一个多层的神经网络如图 7.5 所示，这是一个非常简单的多层神经网络。目前的多层神经网络可超过百层，每层的结点数可达百万以上，需要训练的连接权重个数以亿计。2020 年 6 月，美国人工智能实验室 OpenAI 推出自然语言处理模型 GPT-3，该模型的参数多达 1750 亿个，训练数据量达到 45 TB (1 万亿单词量)，在语义搜索、文本生成、内容理解、机器翻译等方面取得重大突破。2021 年 6 月，北京智源人工智能研究院发布了超大规模智能模型“悟道 2.0”，其参数规模达到 1.75 万亿。

训练深度学习模型是一项复杂的工作，需要有运算速度足够快的高性能计算机、样本数量足够多的训练集（大数据）和高质量的学习算法（学习方法）。

一直到 2006 年，在高性能计算机和大数据条件已经具备的基础上，杰弗里・辛顿与合作者发表了论文《一种深度置信网络的快速学习算法》(*A Fast*

Learning Algorithm for Deep Belief Nets）及其他几篇论文，提出了训练多层神经网络的有效方法。

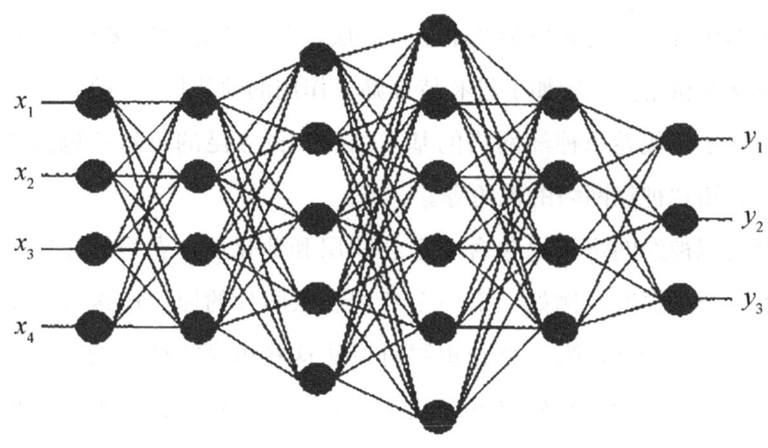

图 7.5　多层神经网络

早在 1986 年，辛顿就和特伦斯·谢诺夫斯基（Terrence Sejnowski，1947—）共同发明了玻尔兹曼机，这是一种由二值随机神经元构成的两层对称连接神经网络。辛顿提出的训练多层神经网络的方法，用到了多层受限玻尔兹曼机，改变对所有各层权重一起训练的方式，而是一层一层地逐层预训练权重。先训练第一层受限玻尔兹曼机，然后将第一层的输出作为第二层的输入，再训练第二层受限玻尔兹曼机，依此类推逐一训练各层，最后再进行适当的优化微调。辛顿等提出的深度神经网络训练方法使神经网络研究再一次取得重大突破，也是机器学习、人工智能领域标志性的技术进步。

2012 年，辛顿教授和他的两名学生组成多伦多大学队参加 ImageNet 对抗赛，他们设计了深度卷积神经网络（Deep Convolutional Neural Network，DCNN）模型 AlexNet，把深度学习与卷积神经网络相结合，模型名字中的"Alex"来自其中一个主要设计者（学生）的名字"Alex Krizhevsky"。AlexNet 有 6 亿个参数和 650 000 个神经元，包含 5 个卷积-池化层，一举夺得对抗赛冠军。他们利用 ImageNet 大赛主办方提供的大规模训练数据，采用两块

GPU 进行训练，将 ImageNet 大赛的图片分类任务的 Top-5 错误率降低到了 15.3%，而传统方法的错误率高达 26.2%以上，这一结果让研究者看到了深度学习方法的巨大威力，以致到 2013 年的比赛时，成绩靠前的几个代表队几乎全部采用了深度学习方法，其中分类任务的冠军来自纽约大学的 Fergus 研究小组，他们采用进一步优化的 DCNN 模型，将 Top-5 错误率进一步降低到了 11.7%。

GPU 是图形处理器（Graphics Processing Unit）的英文简称，又称图形处理单元、显示芯片，是一种专门在计算机（包括台式机、笔记本、平板电脑、智能手机等）上进行图像和图形相关运算的微处理器。GPU 的并行计算结构正好符合深度学习对图形、图像、视频数据的运算需求，能有效提升深度神经网络模型的训练效率。

2014 年，谷歌公司依靠 22 层的深度卷积神经网络 GoogLeNet 将 Top-5 错误率降低到了 6.6%，2015 年微软亚洲研究院何恺明等研究人员设计了 152 层的 ResNet 模型，将 Top-5 错误率降低到了 3.6%，已经低于普通人大约 5%的识别错误率。2017 年，38 个竞争团队中有 29 个错误率低于 5%。ImageNet 宣布将在 2018 年推出一项新的、更加困难的挑战，其中涉及使用自然语言对 3D 对象进行分类。

ImageNet 是一个用于物体对象识别检索的大型视觉数据库。截至 2016 年，ImageNet 已经对超过 1000 万幅图片进行人工注释，标注图片的类别。在至少 100 万张图片中还提供了边界框。自 2010 年以来，ImageNet 举办了一年一度的分类软件竞赛，称为 ImageNet 大尺度视觉识别挑战赛（ImageNet Large Scale Visual Recognition Challenge，ILSVRC），主要内容是通过程序实现正确分类和探测识别物体与场景，评价标准就是 Top-5 错误率。

对于 ILSVRC 挑战赛（人们更习惯称之为 ImageNet 挑战赛），ImageNet 提供给参赛队的数据集有：包含 120 万张图片的训练集、包含 5 万张图片的验证集和包含 15 万张图片的测试集，这些图片分为 1000 类。训练集用于参赛队训练自己设计的模型，验证集（公布标注类别）用于参赛队验证自己的模型，测试集（不公布标注类别）用于提交分类结果，由大赛主办方评判分类结果。

Top-5 错误率是指对一张图片预测 5 个类别，只要有一个和人工标注类别相同就算分类正确，否则算分类错误。

7.3.3 本吉奥与语言模型

2003 年，约书亚·本吉奥与合作者发表了论文《一种神经概率语言模型》（*A Neural Probabilistic Language Model*），将神经网络与序列概率建模方法（隐马尔可夫模型）相结合用于建立语言模型，引入高维词嵌入作为词义的表征方法，提高了处理效率。论文提出的语言模型及相关方法在机器翻译、智能问答、视觉问答等自然语言处理领域产生了重要影响。

2015 年，约书亚·本吉奥等发表了论文《通过联合学习对齐和翻译的神经机器翻译》（*Neural Machine Translation by Jointly Learning to Align and Translate*）。论文第一次提出了注意力机制，把注意力机制与用于机器翻译的编码器-解码器相结合，改变了将整个句子编码成一个固定大小向量的方式，让神经网络将注意力集中在它正在翻译的源语言的句子上。注意力机制的应用，提高了长句子的翻译质量。斯坦福大学的克里斯·曼宁实验室采用融入了注意力机制的翻译方法参加国际机器翻译大赛（WMT）并赢得了比赛，使注意力机制成为翻译领域普遍采用的方法，研究人员从而开发出多种改进的注意力机制。本吉奥的贡献还包括提出了生成式对抗网络（GAN）模型等。

7.3.4 深度学习与 2018 年度图灵奖

2019 年 3 月 27 日，美国计算机学会（ACM）宣布把 2018 年度图灵奖授予有“深度学习三巨头”之称的约书亚·本吉奥（Yoshua Bengio，1964—）、杰弗里·辛顿（Geoffrey Hinton，1947—）、杨立昆（Yann LeCun，1960—），3 位科学家在概念和工程方面的突破性工作使深度神经网络成为计算的一个关键组成部分。近几年人工智能的快速发展和广泛应用很大程度上得益于深度学习技术的重大突破。本吉奥是加拿大蒙特利尔大学教授和魁北克人工智能研究所 Mila 的科学主任，辛顿是谷歌副总裁和工程研究员、加拿大多伦多大学荣誉退休教授，杨立昆是纽约大学教授、Facebook 副总裁兼首席人工智能科学家。

3 位获奖科学家长期持之以恒地致力于神经网络的研究（即使处于低谷时期），对神经网络能够大幅度提高图像识别和语音识别的效率深信不疑。在长期的研究工作中，既有各自坚持不懈的努力，也有良好的积极合作。1987 年 6 月，杨立昆进行博士学位论文答辩时，辛顿是答辩委员会委员之一，7 月杨立昆应辛顿之邀到加拿大多伦多大学做客座研究员。20 世纪 90 年代，杨立昆和本吉奥曾经是贝尔实验室的同事，1998 年合作提出了著名的卷积神经网络模型 LeNet-5。2004 年，依靠来自加拿大高等研究院（CIFAR）的经费支持，设立了以辛顿为负责人、为期 5 年的“神经计算与自适应感知”（NCAP）项目，目标是组建一个世界一流的团队，致力于生物智能的模拟。辛顿邀请了来自计算机科学、生物学、电子工程、神经科学、物理学和心理学等领域的专家参与 NCAP 项目，杨立昆和本吉奥都是项目组主要成员。2015 年，3 人在《自然》（*Nature*）杂志上合作发表了题为《深度学习》（*Deep Learning*）的综述文章，介绍了深度学习为传统机器学习带来的变革。

7.3.5 深度神经网络的发展

经过后续学者们的不断研究，在基本的深度神经网络模型的基础上已经衍生出了很多不同用途的深度神经网络模型。例如，残差神经网络、循环神经网络、生成对抗神经网络等。这些深度神经网络都分别在其合适的应用场景发挥了重要作用。

1. 残差神经网络

人们曾认为，深度神经网络的隐含层数越多，模型的性能越好。但通过实验发现的实际情况却是，当神经网络的隐含层数增加到一定数量时，模型的性能达到峰值，再继续增加隐含层数，性能不再提高，反而会下降甚至于大幅度下降，称之为“网络退化”。

为解决“网络退化”问题，微软亚洲研究院研究员何恺明等提出了残差神经网络（ResNet），并在 2015 年的 ImageNet 挑战赛中获得冠军。残差网络可以看作是对卷积神经网络的改进，使用“捷径连接”（Shortcut Connection）的方式，使神经网络的深度首次突破了100层。在传统神经网络模型中，第$n-1$层的结点只能和第n层的结点连接，残差网络中的“捷径连接”改变了这种限制，第$n-1$层的结点可以跨过几层和后面的某一层（如第$n+2$层）直接连接。

2. 循环神经网络

在传统的神经网络中，从输入层到隐含层，再到输出层，前后层之间的结点是全连接的，同一层的结点之间没有连接。在循环神经网络（Recurrent Neural Network，RNN）中，不仅前后层之间的结点有连接，同一层的结点之间也有连接。RNN可以用来处理序列数据，如把一句中文“小张同学喜欢吃苹果”翻译为英文，中文句子经分词处理后得到词序列“小张”“同学”“喜欢”“吃”“苹果”，在翻译过程中，词和词之间并不是完全独立的，前面的词对后面的词是有影响的，这就是序列数据。RNN可以把这种词与词之间的影响表示出来，得到更好的翻译结果。

3. 生成对抗神经网络

伊恩·古德费罗（Ian Goodfellow）、本吉奥等人在2014年发表的《生成对抗网络》（*Generative Adversarial Network*）论文中提出了生成对抗网络（GAN）模型。伊恩·古德费罗是本吉奥的学生。

在GAN模型中，包含一对相互对抗的模型：生成模型（生成网络）和判别模型（判别网络）。生成网络的功能是尽可能生成和真实数据一样的数据，判别网络的功能是判断一个数据样本是真实数据，还是生成的数据。

通过对生成网络和判别网络的交替训练来完成整个生成对抗网络的训练，先固定生成网络的参数，训练调整判别网络的参数；再固定判别网络的参数，训练调整生成网络的参数。两个训练阶段交替进行，不断提高生成网络和判别网络的性能。一般来讲，训练的目标是得到一个最好的生成网络来生成能够以假乱真的数据，用于自动生成更多的训练样本。

我们都知道矛和盾的故事，不妨做这样的理解：一个人既做矛也做盾，为了做出最好的矛和盾，一段时间内只研究如何做出更坚固的盾，做完后就用现有的矛去刺，直至做出现有的矛刺不穿的盾；然后再去集中一段时间和精力研究如何改进矛，直至做出能刺穿现有盾的矛。这样的过程交替进行，就能做出一段时间内最好的矛和盾。

生成对抗网络具有很好的实用价值，很多研究人员在 GAN 的基本结构的基础上进行了改进和完善，提出了多种解决实际问题的改进模型。

生成对抗网络的具体应用包括提高分辨率、图像修复、文本生成等，提高分辨率是指把低分辨率图像重建为高分辨率的高清图像，图像修复是指把有部分残缺的图像修复为无残缺的完整图像，文本生成是指自动生成新闻报道稿、合同书、协议书等。

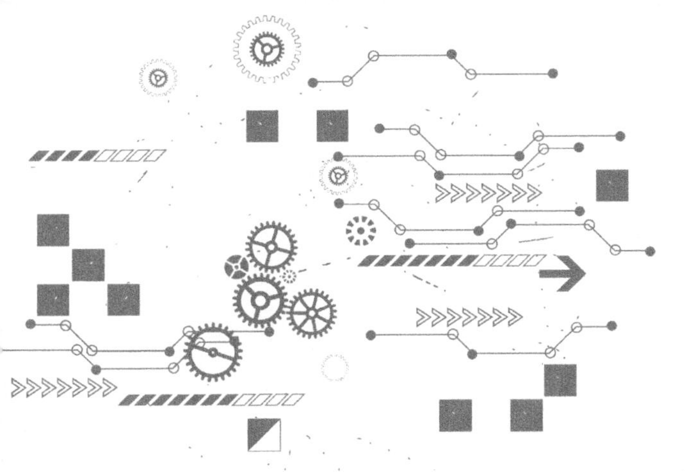

第 4 篇 未来篇

人工智能自 21 世纪初再次活跃以来，其研究、开发、应用持续快速推进，世界主要发达国家相继制定相关规划，加大政策与经费投入，力图在新一轮国际科技竞争中掌握主导权。

我国高度重视人工智能的发展。

2018 年 10 月 31 日，中共中央政治局就人工智能发展现状和趋势举行第九次集体学习。中共中央总书记习近平在主持学习时强调，人工智能是新一轮科技革命和产业变革的重要驱动力量，加快发展新一代人工智能是事关我国能否抓住新一轮科技革命和产业变革机遇的战略问题。要深刻认识加快发展新一代人工智能的重大意义，加强领导，做好规划，明确任务，夯实基础，促进其同经济社会发展深度融合，推动我国新一代人工智能健康发展。

国务院颁布实施《新一代人工智能发展规划》，提出了分三步走的战略目标。为贯彻落实《新一代人工智能发展规划》，相关部门积极推进相关工作部署：制定《促进新一代人工智能产业发展三年行动计划（2018—2020 年）》，设立国家新一代人工智能创新发展试验区，建设国家新一代人工智能开放创新平台。

人工智能作为新一轮产业变革的核心驱动力，将催生新技术、新产品、新产业、新模式，引发经济结构重大变革，深刻改变人类生产生活方式和思维模式，推动实现社会生产力的整体跃升。

人工智能与经济、社会深度融合，发展数字经济、建设智能社会的时代任务为青年学子展现才华、服务人民、奉献社会提供了广阔的空间和舞台。

第8章　5G助力人工智能应用

人工智能应用对网络的传输速度、时延和连接提出了更高的要求。一定程度上讲，是人工智能应用需求的强力驱动，催生了5G技术。反过来，新一代移动通信技术5G的出现，将会极大地拓展人工智能应用的深度和广度，促进人工智能技术的大规模、普适性发展和应用落地，促进经济社会高质量发展，提升人们生产生活的获得感、幸福感。

8.1　移动通信技术的产生

1901年12月12日，伽利尔摩·马可尼（Guglielmo Marconi，1874—1937）发出第一个横跨大西洋的无线电信号，从英格兰传到加拿大的纽芬兰省，距离为2100英里（3381千米），开启了人类无线通信的新纪元。在之后100多年的时间里，人们的通信方式发生了翻天覆地的变化，特别是20世纪70年代后，随着蜂窝移动通信技术的快速发展和广泛应用，用户彻底摆脱了通信线路的束缚，实现了随时随地、及时可靠、灵活方便的通信。

伽利尔摩·马可尼是意大利无线电工程师、企业家，1909年度诺贝尔物理学奖获得者，实用无线电通信的创始人。

创立于1928年的摩托罗拉公司，在“二战”时期与美国军方合作，协助其研发便携式无线通信工具，并于1940年研制出真正用于战场的背负式跳频步话机SCR-300，使用FM调频技术，实现了无线通话，有效通信距离可达3英里（约4828米）。但SCR-300重约14.5～17.5千克（根据电池容量的不同重量有所不同），使用时必须有一人背负天线及电台。

同期，小型化的无线通话设备也在研发中，1941 年量产的 SCR-536 成为世界上首款手提式对讲机，其重量为 2.3 千克，使用 2.5 米的鞭状天线，开阔处有效通话距离为 1 英里（约 1609 米）。

“二战”期间，摩托罗拉的 SCR 系列对讲机在战场上取得了巨大成功，它向全世界展示了无线通信的神奇魅力，这也激起了人们将其应用于民用场景的愿望。1946 年，美国电话电报公司（AT&T）将无线收发器连接到公共交换电话网（PSTN），正式推出了民用 MTS 移动电话业务。MTS 的“基站”很大，有些像广播电视塔，一般建在城市中心，覆盖半径 40 千米，发射功率很大。用户拨打电话时，需要独占无线信道，网络容量受到很大限制。

1947 年 12 月，贝尔实验室研究员道格拉斯·林格（Douglas H. Ring，1907—2000）率先提出了“蜂窝电话”的概念，其基本思路是：与其盲目地增加信号传输功率，不如限制信号传输范围并在有限的区域（小区）内控制信号更好。这样，不同的小区可以使用相同的频率而不会互相影响，从而增加了系统容量。但受技术条件的限制，当时的“蜂窝电话”只是设想，并没有真正实现。

直到 1973 年，摩托罗拉的工程师马丁·库帕（Martin Cooper，1928—）和约翰·米切尔（John F. Mitchell）取得重大突破，他们发明了世界上第一款真正的“蜂窝电话系统”手机（手持式个人手机）。该款手机（手提电话）名为 DynaTAC（动态自适应总区域覆盖），它高 22 厘米，重 1.28 千克，可以通话 20 分钟，并具有一根长长的天线。自此开启了现代移动通信时代。

8.2 移动通信技术的发展

8.2.1 第一代移动通信技术

20 世纪 70 年代末，北美、欧洲、日本几乎同时启动了第一代移动通信技术（简称 1G）的研究和商业化进程，并于 20 世纪 80 年代陆续投入使用。我国于 1987 年在广州建造了第一个移动通信基站。

1G 系统主要采用模拟技术，利用电磁波振幅、频率和相位的变化来模拟原始信号，达到通信的目的。1G 系统采用 FDMA（频分多址）技术，把总带宽分割成多个频道，每个蜂窝基站分配 n 对（上行和下行）频率信道，这 n 对频率信道可供该基站覆盖范围内的所有用户共享使用，但同一时间只能有 n 个用户可以使用，因此网络容量非常有限。同时，由于采用的是模拟技术，还存在安全性差、容易受干扰等问题。而且，由于不同国家或地区的 1G 系统采用的技术标准并不完全一致，因此不能实现“全球漫游”。

8.2.2　第二代移动通信技术

20 世纪 80 年代后期，随着数字通信技术的成熟，移动通信技术逐步由 1G 更新为 2G。所谓数字通信技术，就是用二进制的“0”“1”数字信号作为载体来传输消息的通信技术。相对于模拟通信技术，数字信号具有抗干扰能力强、易于加密等特点，同时网络容量也在一定程度上得到了提升。

2G 以欧洲邮电管理委员会“移动专家组”提出的 GSM（全球移动通信系统）技术和美国高通公司提出的 CDMA（码分多址）技术最具代表性。我国于 1994 年底在广东首先开通了 GSM 数字移动电话网，1997 年底开通了 CDMA 商用实验网，自此开始了大规模的 2G 网络建设与应用。

在 2G 时代，随着手机价格和通信资费的逐渐降低，手机用户开始快速增长，语音通话业务和短信业务得到普及。在 2G 时代后期，还出现了低速的数据传输技术，传输速度一般只有几十 Kbps。同时，手机的便携性越来越好，功能越来越丰富，加入了音乐播放、拍照、简单网页浏览、收发电子邮件等功能，其中的简单网页浏览、收发电子邮件等用的就是低速数据传输技术。手机已经不仅仅是一个通信工具，逐步成为具有多种用途的手持工具。

8.2.3　第三代移动通信技术

3G 除了支持传统的语音和短信业务外，还实现了传输速度可达几百 Kbps 的较高速的数据信息传输，移动通信技术与互联网相结合催生了移动互联网。在这一阶段，性能更好的 CDMA 技术成了主流移动通信技术，具体标准包括欧洲主导的 WCDMA（宽带码分多址）、美国主导的 CDMA2000 和我国的 TD-SCDMA（时分同步码分多址）3 种。

在我国，分别由中国移动、中国联通和中国电信三家运营商建设和运营 TD-SCDMA、WCDMA、CDMA2000 移动通信网络。

在 3G 时期，随着智能手机的广泛应用，人们可以利用手机移动办公，在线看视频、听音乐、玩游戏成了常态。因此，可以说是 3G 实现了移动通信技术与互联网的有效融合，开启了移动互联网时代。

8.2.4 第四代移动通信技术

随着移动互联网业务的不断增加与资源的不断丰富，人们不再满足于 3G 网络数百 Kbps 的数据传输速度，4G 网络应需而生。4G 借助新技术和调制方法对 3G 进行改良，其目标是提升无线网络的数据传输能力，使传输速度提高到几十 Mbps。

主流的 4G 标准分为 TD-LTE 和 FDD-LTE 两种。2013 年 12 月，工业和信息化部向中国移动、中国电信、中国联通颁发了 LTE 经营许可证，也就是 4G 牌照。如今，我国已经建成全球最大的 4G 网络，4G 信号已经实现全覆盖，4G 的网络速度使移动互联网的应用体验有了很大的改善，智能出行、移动支付、在线购物、在线娱乐、线上教育、电子政务等应用快速发展和广泛普及，4G 在一定程度上改变了人们的工作、学习与生活方式，很多事情都可以方便地在网上完成。

8.3 第五代移动通信技术

8.3.1 5G 的主要特点

4G 大大提升了移动互联网的应用体验，使移动互联网成为人们工作、学习与生活中不可或缺的部分。但随着移动互联网应用领域的快速拓展，越来越多的应用形式，包括高清（2K）视频、超高清（4K）视频、虚拟现实（VR）、增强现实（AR）等不断涌现，移动互联网数据流量大幅增长。同时随着视频监控、车载娱乐、智能导航等应用的发展，传统的物联网技术已经无法满足应用需求，网络带宽和连接数量需要进一步发展。此外，工业互联网、车联网的发展对移动网络的传输性能也提出了更高的要求。

与此同时，人工智能技术的迅猛发展，使网络的智能化成为可能。信息技术、人工智能技术和移动通信技术的融合创新催生了第五代移动通信技术。

第五代移动通信技术（5th Generation Mobile Communication Technology，简称 5G）是具有高速度、低时延和大连接特点的新一代宽带移动通信技术，是实现人机物互联的网络基础设施。

国际电信联盟（ITU）定义了 5G 的三大类应用场景：增强移动宽带（eMBB）、超可靠低时延通信（uRLLC）和海量机器类通信（mMTC）。增强移动宽带主要面向移动互联网流量爆炸式增长，为移动互联网用户提供更好的应用体验；超可靠低时延通信主要面向工业控制、远程医疗、自动驾驶等对时延和可靠性具有极高要求的垂直行业应用需求；海量机器类通信主要面向智慧城市、智能家居、环境监测等以传感和数据采集为目标的应用需求。

为满足 5G 多样化的应用场景需求，5G 的关键性能指标更加多元化。ITU 定义了如下 8 大关键性能指标：

（1）在网络传输速度方面，下载和上传的峰值速度需要分别达到 20 Gbps 和 10 Gbps，以满足高清视频、虚拟现实等大数据量传输。

（2）在时延方面，控制面时延需控制在 10 毫秒以内，用户面时延需控制在 4 毫秒（eMBB 场景）和 0.5 毫秒（uRLLC 场景）以内，使之满足自动驾驶、远程医疗等实时应用。

（3）在频谱效率方面要比 4G（LTE）提升 3 倍以上。

（4）在设备密度方面，具备每平方千米百万连接的设备连接能力，满足物联网通信的需要。

（5）流量密度达到每平方米 10 Mbps 以上。

（6）在移动性方面，支持每小时 500 千米的高速移动。

（7）连续广域覆盖和高移动性下，下载和上传的用户体验速度需要分别达到 100 Mbps 和 50 Mbps。

（8）在网络能效方面，需相对于 4G 提升 100 倍。

8.3.2 5G的关键技术

作为新一代移动通信技术，5G之所以具有高速度、低时延、大连接的特点，源于其全新设计和整合的大量先进技术。

1. 新架构

3G中核心网通过无线网络控制器结点控制基站，4G为了降低时延，去除了无线网络控制器结点，改为基站直接接入核心网。在5G时代，引入了全新的CU-DU网络架构。其中，CU（集中单元）负责完成实时性要求较低的功能，DU（分布单元）负责完成实时性要求较高的功能。使用CU-DU架构可以在多基站协同方面发挥作用，从而有效提升性能。

2. 新型帧结构

数据在网络上都是以帧（Frame）为单位传输的，4G采用的是静态帧结构，5G采用的是可配置的静态或半静态帧结构。更进一步，5G还可以配置部分子帧为灵活子帧，并缩短子帧长度到4G时的1/7，以达到提高频谱使用效率和降低时延的要求。

3. 新频段

移动通信其实都是电磁波通信，利用电磁波进行信息的传送。电磁波的频率资源属于公共资源，必须统一规划使用。传统移动通信电磁波的工作频段主要集中在3 GHz以下，这使得频谱资源十分拥挤，而在高频段（如工作频率在30 GHz～300 GHz的毫米波）可用频谱资源丰富，合理利用能够有效缓解频谱资源紧张的现状，可以实现极高速短距离通信，满足5G容量和传输速度等方面的需求。

4. 新基站

电磁波有一个明显的特点，即频率越高越趋近于直线传播，绕过障碍物的能力越差。由于5G以高频段传输为主，所以单基站的覆盖能力大幅度减弱，要完成一个区域的网络覆盖，5G所用基站的数量远多于4G。

4G以前主要都是架设在高塔上的大型宏基站，用于进行大范围覆盖。到了5G时代，不可能在楼宇林立的区域建满大型的宏基站，而是以小型的微基站为主。通过微基站覆盖宏基站无法覆盖的微小角落，同时满足高密度设备接入能力的要求。

8.4 5G+AI应用

2019年6月6日，工业和信息化部正式向中国电信、中国移动、中国联通、中国广电发放5G商用牌照，我国进入5G商用元年。随着5G网络大规模建设的快速推进，融合人工智能、物联网、云计算、大数据、边缘计算技术的5G应用逐渐在各个领域全面展开。人工智能应用和5G密切相关，人工智能应用和5G的关系就好比车和路的关系。没有高速公路，再好的车其性能也发挥不出来；相反，高速公路修到哪里，车就能开到哪里。同样，没有5G的支持，很多人工智能系统是无法发挥其作用的。5G建设到哪，人工智能就能应用到哪。

8.4.1 5G应用总体目标

2021年7月，工业和信息化部、中央网络安全和信息化委员会办公室、国家发展和改革委员会等10部门印发《5G应用“扬帆”行动计划（2021—2023年）》（以下简称《行动计划》），提出了总目标和几项推进5G应用的行动。

《行动计划》提出的总体目标是：到2023年，我国5G应用发展水平显著提升，综合实力持续增强。打造IT（信息技术）、CT（通信技术）、OT（运营技术）深度融合新生态，实现重点领域5G应用深度和广度双突破，构建技术产业和标准体系双支柱，网络、平台、安全等基础能力进一步提升，5G应用“扬帆远航”的局面逐步形成。

《行动计划》提出的推进5G应用的行动包括新型信息消费升级行动、行业融合应用深化行动和社会民生服务普惠行动。据此可以了解到2023年有哪些5G与人工智能产品与服务可用。

8.4.2 新型信息消费升级行动

5G+信息消费。推进5G与智慧家居融合，深化应用感应控制、语音控制、远程控制等技术手段，发展基于5G技术的智能家电、智能照明、智能安防监控、智能音箱、新型穿戴设备、服务机器人等，不断丰富5G应用载体。加快云AR/VR头显、5G+4K摄像机、5G全景VR相机等智能产品推广。

5G+融合媒体。开展5G背包、超高清摄像机、5G转播车等设备的使用推广，利用5G技术加快传统媒体制作、采访、编辑、播报等各环节智能化升级。推广高新视频服务、推动5G新空口（NR）广播电视落地应用。开展5G+8K直播、5G+全景式交互化视音频业务，培育360度观赛体验，结合2022年北京冬奥会和冬残奥会等重大活动，推动5G在大型赛事活动中的普及。

8.4.3 行业融合应用深化行动

5G+工业互联网。聚焦“5G+工业互联网”发展重点行业，打造典型应用场景，持续开展“5G+工业互联网”试点示范，支持5G在质量检测、远程运维、多机协同作业、人机交互等智能制造领域的深化应用。打造产业生态，推广区域应用，鼓励各地建设“5G+工业互联网”融合应用先导区，不断拓展5G在原材料、装备、消费品、电子等领域的应用。

5G+车联网。加快探索商业模式和应用场景，支持创建国家级车联网先导区，推动车联网基础设施与5G网络协同规划建设，选择重点城市典型区域、合适路段以及高速公路重点路段等，加快5G+车联网部署，推广C-V2X技术在园区、机场、港区、矿山等区域的创新应用。建立跨行业、跨区域互信互认的车联网安全通信体系。

5G+智慧物流。加强5G在园区、仓库、社区等场所的物流应用创新，推动5G在无人车快递运输、智能分拣、无人仓储、智能佩戴、智能识别等场景应用落地。加速基于5G的物流物联网数据接入、计算和应用平台建设，推进端边云协同的物流自动化智能装备和基础设施建设，助力实现物流行业自动化运输、智能仓储和全流程监控。

5G+智慧港口。研制适用于港口集装箱环境的5G辅助定位产品，加快自动化码头、堆场库场数字化改造和建设。加快智慧港口基础设施建设，推广 5G 在无人巡检、远程塔吊、自动导引运输、集卡自动驾驶、智能理货等场景的应用，助力港口智能化。

5G＋智能采矿。加快可适应采矿环境具有防爆等要求的 5G 通信设备研制和认证，推进露天矿山和地下矿区 5G 网络系统、智能化矿区管控平台、企业云平台等融合基础设施建设。推广 5G 在能源矿产、金属矿产、非金属矿产等各类矿区的应用，拓展采矿业远程控制、无人驾驶等 5G 应用场景，推进井下核心采矿装备远程操控和集群化作业、深部高危区域采矿装备无人化作业、露天矿区实现智能连续作业和无人化运输。

5G＋智慧电力。突破电力行业重点场景 5G 确定性时延、授时精度、安全保障等关键技术，搭建融合 5G 的电力通信管理支撑系统和边缘计算平台。开展基于 5G 的工业控制与监测网络升级改造，推广发电设备运维、配电自动化、输电线/变电站巡检、用电信息采集等场景应用，实现发电环节生产的可视化、配电环节控制的智能化、输变电环节监控的无人化、用电环节采集的实时化。

5G＋智能油气。推进多协议智能数据采集 5G 网关、监控产品的研制，实现与油气领域通信接口的有效衔接。实施 5G 在油田油井、管线、加油站等环节高清视频监控、管道泄露监测、机器人智能巡检、危化品运输监控等业务场景的深度应用，为油气采集、管道传输、油气冶炼等环节提供安全高效的智能化支撑。

5G＋智慧农业。丰富 5G 在智能农业的应用场景，加快智能农机、农业机器人在无人农业作业试验等农业生产环节中的 5G 应用创新，发展 5G 在农产品冷链物流、电商直播等领域应用。加强数字乡村与 5G 融合应用，提升乡村治理和公共服务信息化水平，利用 5G 推动教育、文化、医疗等资源向农村延伸，促进农村信息消费。

5G＋智慧水利。推进 5G 技术与水利行业的深度融合，应用 5G、物联网、遥感、边缘计算等新技术，提高水利要素感知水平。结合北斗定位、人工智能等技术，针对水利工程施工场景，研究人工智能施工系统顶层设计和模型算法实现，在 5G 人机协同应用方面实现突破。

8.4.4 社会民生服务普惠行动

5G+智慧教育。加快5G教学终端设备及AR/VR教学数字内容的研发，结合AR/VR、全息投影等技术实现场景化交互教学，打造沉浸式课堂。加大5G在智慧课堂、全息教学、校园安防、教育管理、学生综合评价等场景的推广，提升教学、管理、科研、服务等各环节的信息化能力。

5G+智慧医疗。开展5G医用机器人、5G急救车、5G医疗接入网关、智能医疗设备等产品的研发。加强5G医疗健康网络基础设施部署，打造面向院内医疗和远程医疗的5G网络、5G医疗边缘云。丰富5G技术在医疗健康行业的应用场景，重点推广5G在急诊急救、远程诊断、健康管理等场景的应用，加快培育智慧医疗服务新业态。

5G+文化旅游。突破数字内容关键共性技术，开发适配5G网络的AR/VR沉浸式内容、4K/8K视频等应用。推动与5G结合的社交、演播观影、电子竞技、数字艺术等互动内容产业发展。促进5G和文旅装备、文保装备、冰雪装备的融合创新。推动景区、博物馆等发展线上数字化体验产品，打造沉浸式文化和旅游体验新场景。

5G+智慧城市。加大超高清视频监控、巡逻机器人、智慧警用终端、智慧应急终端等产品在城市安防、应急管理方面的应用。围绕信息惠民便民，加快推广基于5G技术的智慧政务服务。以社区、园区、街区等为基本单元加快数字化改造，提供全方位数字化社区生活新服务。推动5G技术在基于数字化、网络化、智能化的新型城市基础设施建设中的创新应用，全面提升城市建设水平和运行效率。

第 9 章　人工智能未来发展

人工智能的发展与应用，已经显现出其对经济社会发展的重要促进作用。随着人工智能研究的不断深入和应用的进一步拓展，其对经济社会发展的强大推动作用还会进一步显现。但人工智能的发展具有双面性，要在法律、伦理、技术等层面采取有效措施，确保人工智能研究与应用安全、可靠、可控，推动经济、社会及生态可持续发展。

9.1　人工智能的重要作用

人工智能已经应用于人们工作、生活的很多领域，看一个大家都很熟悉的领域——网购，简捷方便、价格实惠的特点吸引着越来越多的消费者加入网购大军。

自 2009 年开始，“双 11”逐渐成为广大网民的“网络购物狂欢节”。2018 年前的“双 11”，网购用户差不多要等半个月才能收到全部快递，快递时效一时成为网购的一个“痛点”。但是，在快递数量首次突破 10 亿件的 2018 年“双 11”，快递运送的速度却出奇快，基本上只用了三四天就全部到货了。究其原因，是因为有大量的智能机器人参与了网购全流程的服务。自此之后，每年“双 11”的网购快递都能比较快地送达网购用户。

在网购流程中，机器人“天巡”接替了运维人员 30%以上的重复性工作，AI 调度官“达灵”将数据中心资源利用率提升到 90%以上，人工智能助手“阿里小蜜”承担了 95%的客服咨询工作，菜鸟智慧货仓机器人单日发货超过 100 万件，AI 设计师“鹿班”在“双 11”期间设计了 4.1 亿张商品海报。

“天巡”机器人由国自机器人公司与阿里巴巴公司联合研发，用于数据中心的巡检管理工作，拥有智能巡检、随工巡检、语音导览、安防管理等功能。全天 24 小时巡检，可以接替运维人员 30%以上的重复性工作，大幅度提升了管理效率。在解放人力的同时，实现了数据中心无人值守。

AI 调度官“达灵”的主要职责包括：为各类应用快速分配计算资源；监督是否有服务器偷懒（空闲），不断调度应用确保计算任务均衡；准确停用存在异常的计算机等。“达灵”将数据中心资源利用率提升到 90%以上，这意味着“达灵”将各个环节管理的资源利用率累计提高了 1 倍。

“阿里小蜜”是阿里巴巴公司推出的一款人工智能购物助理虚拟机器人，让会员专享一对一的客户顾问服务及全程陪伴式、安全有保障的购物体验。“阿里小蜜”凭借阿里巴巴在大数据、自然语言分析、机器学习等方面的技术积累，精炼出几千万条真实、有趣，并且实用的语料库，此后随着使用动态增加，通过理解对话的语境与语义，实现了超越简单人机问答的自然交互，最终成长为客户的私人购物助理、贴心生活助手。2019 年 10 月，“阿里小蜜”获“吴文俊人工智能科学技术奖”。

客户下单之后，智慧货仓机器人便会接到相应的指令，机器人会自动前往相应的货架，将货架拉到拣货员的面前，由拣货员将客户购买的物品放置在购物箱内，随后进行打包配送。以往一个拣货员一天走六七万步只能拣货 1000 多件，在机器人的帮助下，一个拣货员一天只走两三千步，拣货数量却是原来的 3 倍多。

AI 设计师“鹿班”1 秒钟可以设计 8000 张海报，假如一个人工设计师设计一张海报需要 20 分钟，“鹿班”1 秒钟的设计工作，人工设计师需要 6 个多小时才能完成。而且，“鹿班”还可以连续 24 小时工作。

从网购这样一个侧面，就可以看出人工智能对经济社会发展的重要作用，智能机器人在多个环节的应用，大大缩短了用户从下单到收到快递的时间，提升了用户网购体验，有效提高了经济效益和社会效益。

可以想见，随着人工智能广泛、深入地应用于工业设计与制造、建筑设计与施工、智慧交通与运输、电子商务与物流、智慧农业与牧业、智慧旅游与观光等各行各业，既能节省人力，又能提高效率，将会产生巨大的经济社会效益，极大地推动经济社会高质量发展。

9.2　部分国家人工智能发展战略

科技实力代表着一个国家、一个地区、一家企业的竞争实力，以人工智能为代表的新一代信息技术的研发能力与应用水平是科技实力的重要体现。世界主要发达国家把发展人工智能作为提升国家竞争力、维护国家安全的重大战略，加紧出台规划和政策，围绕核心技术、顶尖人才、标准规范等强化部署，力图在新一轮国际科技竞争中掌握主导权。

9.2.1　美国的人工智能发展战略

2016 年 10 月至 12 月，美国政府连续发布了 3 份人工智能战略报告，分别是《为未来人工智能做好准备》《国家人工智能研究与发展策略规划》《人工智能、自动化与经济》。报告认为，人工智能驱动的自动化技术，是进一步释放生产力，全面提升全要素生产率增长，并广泛提高美国人收入与生活水平的关键。

2019 年 2 月，美国政府正式启动“人工智能计划”，该计划包含 5 个重点领域，分别是投资人工智能研发、释放人工智能资源、制定人工智能治理标准、培养人工智能劳动力、国际参与及保护美国的人工智能优势。2019 年 6 月，美国政府又发布了落实“人工智计划”的具体计划，提出了 8 项任务：①对人工智能研究进行长期投资。②开发人机协作的有效方法。③理解和应对人工智能的伦理、法律和社会影响。④确保人工智能系统的安全性。⑤开发面向人工智能培训和测试的共享公共数据集和环境。⑥建立标准和基准评估人工智能技术。⑦更好地把握国家人工智能研发人才需求。⑧扩展公私合作以加速人工智能发展。

9.2.2　德国的人工智能发展战略

2018 年 7 月，德国政府制定了《人工智能战略》，提出的急需采取的措施包括：为人工智能相关重点领域的研发和创新转化提供资助；优先为德国人工智能领域专家提高经济收益；同法国合作建设的人工智能竞争力中心要尽快完成并实现互联互通；设置专业门类的竞争力中心；加强人工智能基础设施建设；等等。

2020 年 12 月，德国政府对 2018 年版的《人工智能战略》做出修订，具体内容包括：在德国培训、招募和留住更多的人工智能专家；建立高效透明的研究结构，并提供最现代的人工智能/计算基础架构；基于出色的研究和转移结构，建立具有国际吸引力的人工智能生态系统，以加速研究成果在运营实践中的应用，特别是在中小企业中的应用；创建安全可靠的人工智能系统，加强德国和欧洲以创新和以人为本的人工智能应用框架；支持民间社会建立网络并参与人工智能的开发和使用；等等。

德国政府实施《人工智能战略》旨在凭借强大的计划和在人工智能领域投入更多的资金，使德国成为世界上最有吸引力的人工智能研究中心，确保德国明天的创新实力和今天的竞争力；使德国成为欧洲未来人工智能技术的主要创新驱动力，确保欧盟能够在激烈的国际竞争中保持自己的地位。

9.2.3 法国的人工智能发展战略

2018 年 3 月，法国政府公布《人工智能发展战略》，旨在推动法国成为人工智能领域的全球领先国家之一。在新战略的框架下，法国将致力于成为人工智能研发水平最高的国家之一，并力求通过相关技术研发孕育未来的龙头企业。为此，法国将通过简化科研人员创办企业的手续、允许科研人员将自己一半的工作时间投入到私人机构等多种办法，加强产学研结合。法国将重点结合医疗、汽车、能源、金融、航天等法国较有优势的行业来研发人工智能技术。法国国家工业委员会制定具体路线图，以推动这些行业人工智能技术的研发。

9.2.4 英国的人工智能发展战略

2017 年 10 月，英国政府发布《在英国发展人工智能》报告，提出在英国促进人工智能发展的重要行动建议，从数据获取、培养人才、支持研究与应用发展 4 个维度着重布局，并鼓励学术界、产业界和政府携手并进，加强英国在全球人工智能竞争中的实力。2021 年 9 月，英国政府发布《国家人工智能战略》，英国政府认为：未来 10 年，人工智能发展的关键驱动力是人才、数据、算力和财力，且面临巨大的全球竞争；人工智能将成为许多经济领域的支柱，但需要采取行动确保英国可以从中受益；人工智能治理和监管应该紧跟其快速变化的需求，英国需要在这方面有所作为以达到持续创新、保护国家和公民安全的目的。英国政府据此提出了相应的行动计划。

9.2.5　日本的人工智能发展战略

2015 年 1 月，日本政府发布了《日本机器人战略：愿景、战略、行动计划》，确定 3 个核心目标：世界机器人创新基地、世界第一的机器人应用国家、迈向世界领先的机器人新时代，旨在确保日本在机器人领域的世界领先地位。2019 年 6 月，日本政府出台《人工智能战略 2019》，旨在建成人工智能强国，并引领人工智能技术研发和产业发展。该战略设有三大任务目标：一是奠定未来发展基础；二是构建社会应用和产业化基础；三是制定并应用人工智能伦理规范。

以上各国不仅制定发展规划，而且投入大量资金支持人工智能研发与应用。美国早在 2015 年就投入 11 亿美元，2018 年又投入 10 亿美元；德国计划在 2025 年前投入 50 亿欧元（现 1 欧元折合约 7 元人民币）；法国在 2022 年前投入 15 亿欧元；2018 年 4 月，英国政府宣布联合相关企业投资 10 亿英镑（现 1 英镑折合约 8.5 元人民币）支持人工智能发展；2016 年 3 月，日本政府就曾经宣布过一项总投资约 8.4 亿美元的专项计划，用于加快人工智能产业发展。

除了上述几个国家，俄罗斯、意大利、印度、韩国、新加坡等国也都制定了本国的人工智能发展规划。各国制定人工智能发展规划，加大研发与应用的政策与经费投入，培养吸引优秀人才，制定相关伦理规范，目标就是争取在人工智能发展上占有一席之地。

9.3 我国高度重视人工智能发展

9.3.1 颁布《新一代人工智能发展规划》

我国也高度重视人工智能的发展，2017 年 7 月，国务院颁布了《新一代人工智能发展规划》(以下简称《发展规划》)。

《发展规划》指出了人工智能对经济社会发展的重要影响：国际竞争的新焦点、经济发展的新引擎、社会建设的新机遇。

《发展规划》总结了我国人工智能发展的优势：经过多年的持续积累，我国在人工智能领域取得重要进展，国际科技论文发表量和发明专利授权量已居世界第二，部分领域核心关键技术实现重要突破。语音识别、视觉识别技术世界领先，自适应自主学习、直觉感知、综合推理、混合智能和群体智能等初步具备跨越发展的能力，中文信息处理、智能监控、生物特征识别、工业机器人、服务机器人、无人驾驶逐步进入实际应用，人工智能创新创业日益活跃，一批龙头骨干企业加速成长，在国际上获得广泛关注和认可。加速积累的技术能力与海量的数据资源、巨大的应用需求、开放的市场环境有机结合，形成了我国人工智能发展的独特优势。

《发展规划》也指出了存在的差距：我国人工智能整体发展水平与发达国家相比仍存在差距，缺少重大原创成果，在基础理论、核心算法以及关键设备、高端芯片、重大产品与系统、基础材料、元器件、软件与接口等方面与发达国家差距较大；科研机构和企业尚未形成具有国际影响力的生态圈和产业链，缺乏系统的超前研发布局；人工智能尖端人才远远不能满足需求；适应人工智能发展的基础设施、政策法规、标准体系亟待完善。

在正确分析优势与差距的基础上，《发展规划》提出了我国新一代人工智能分三步走的战略目标：

第一步，到 2020 年人工智能总体技术和应用与世界先进水平同步，人工智能产业成为新的重要经济增长点，人工智能技术应用成为改善民生的新途径，有力支撑进入创新型国家行列和实现全面建成小康社会的奋斗目标。

第二步，到2025年人工智能基础理论实现重大突破，部分技术与应用达到世界领先水平，人工智能成为带动我国产业升级和经济转型的主要动力，智能社会建设取得积极进展。

第三步，到2030年人工智能理论、技术与应用总体达到世界领先水平，成为世界主要人工智能创新中心，智能经济、智能社会取得明显成效，为跻身创新型国家前列和经济强国奠定重要基础。

2017年12月，为贯彻落实《发展规划》，加快人工智能产业发展，推动人工智能和实体经济深度融合，工业和信息化部制定了《促进新一代人工智能产业发展三年行动计划（2018—2020年）》（以下简称《行动计划》）。

《行动计划》以市场需求为牵引，以促进人工智能技术的产业化为目标，积极培育智能网联汽车、智能服务机器人、智能无人机、医疗影像辅助诊断系统、视频图像身份识别系统、智能语音交互系统、智能翻译系统、智能家居产品等人工智能创新产品和服务，并提出到2020年要实现的具体目标。

近几年，已经有国产自动驾驶汽车、手术机器人、无人机、医疗辅助诊断系统、人脸识别系统、语音识别系统、机器翻译系统、扫地机器人等产品投入实际应用，很多人都已经用过其中的部分产品。

9.3.2　设立国家新一代人工智能创新发展试验区

为深入落实《发展规划》，设立了国家新一代人工智能创新发展试验区（以下简称试验区），试验区承担着先行先试、发挥促进人工智能与经济社会发展深度融合的引领带动作用的任务。

自2019年以来，先后有北京市、上海市、天津市、深圳市、杭州市、合肥市、德清县、重庆市、成都市、西安市、济南市、广州市、武汉市、苏州市、长沙市、沈阳市、哈尔滨市、郑州市等18个市（县）入选试验区。

下面简要介绍几个有代表性的试验区：北京试验区、上海试验区、中部省会城市郑州试验区和唯一的县域试验区——德清试验区。北京试验区、上海试验区的重点任务是研究出有国际影响力的原始创新成果，并在此基础上开拓应用场景。郑州试验区和德清试验区的重点任务是推进人工智能技术研发和高端成果转化应用，搭建深度应用场景，开展人工智能技术应用示范。即北京试验区、上海试验区的建设偏重于“顶天”，兼顾“立地”，而郑州试验区、德清试验区更多偏重于“立地”。

1. 北京试验区

2019 年 2 月 18 日，我国首个国家新一代人工智能创新发展试验区——北京试验区正式成立。

北京试验区以体制机制创新为突破口，大力推进北京智源行动计划，培养和集聚创新人才，加强布局基础前沿研究，构建“政产学研金用”一体的协同创新体系，建设人工智能开放创新平台，构建一批人工智能应用场景，开展人工智能应用示范，完善和建立有利于人工智能健康发展的政策措施、安全伦理和法律法规，并率先开展先行先试，推动人工智能标准制订等，探索人工智能创新发展新模式、新思路，促进人工智能与经济社会发展深度融合发展。

2020 年，北京人工智能相关产值规模达 1860 亿元（人民币，下同），同比增长 9.8%，相比于 2016 年产值增长逾 1 倍。北京人工智能相关企业数量约 1500 家，占全国 28%，居国内首位。北京有 30 余家人工智能“独角兽企业”，成为中国人工智能学术和产业人才最大的聚集地。

2. 上海试验区

上海试验区重点布局 4 个方面的任务：一是提升人工智能原始创新策源能力；二是开展人工智能创新应用和产业赋能试验；三是建设开放联动的良好创新生态圈；四是建立健全政策法规、伦理规范和治理体系。建设目标：一是研究出一批具有国际影响力的顶尖算法，提升人工智能原始创新策源能力；二是落实一些具体应用场景，赋能城市治理和实体经济。

人工智能是上海重点发展的三大先导产业之一。截至 2020 年，上海人工智能重点企业 1149 家，形成了较为完备的人工智能产业链。全年规模以上产业规模达到 2246 亿元，2018 至 2020 年年均增长 29.5%。上海争取“十四五”期间规模以上产业规模年均增长 15%左右，2025 年达到 4000 亿元。

上海人工智能全产业链体系初步成形。微软、亚马逊、阿里巴巴、腾讯、百度、华为等龙头企业纷纷在沪布局业务；商汤、依图、深兰、云从等技术类企业加快技术落地步伐；寒武纪、平头哥、地平线等基础类企业突破关键环节“卡脖子”问题；达闼、钛米、高仙、快仓等产品类企业持续推出智能机器人、智能终端新产品；联影智能、达观、趣头条、松鼠AI等应用类企业不断深耕医疗、金融、商贸、文娱、教育等垂直领域。

3. 郑州试验区

郑州试验区2021年11月入选，郑州市从6个方面推进试验区建设：

（1）围绕物流、制造、农业等重点产业领域以及城市建设管理等社会民生领域，搭建一批深度应用场景，开展人工智能技术应用示范。

（2）依托全市和国内外人工智能创新资源建设人工智能创新平台，开展前沿基础研究和关键核心技术攻关，全面提升人工智能创新能力。

（3）建成一批有较强辐射带动力的人工智能创新创业基地，培育智能传感器、智能网联汽车、智能制造、智能机器人、智能农业装备等产业集群。

（4）加强网络基础设施、大数据基础设施、计算基础设施建设，推动公共数据安全有序开放，提升人工智能发展的基础支撑能力。

（5）围绕人工智能人才引育和激励、国际交流合作等方面加大支持措施，构建人工智能创新环境。

（6）开展人工智能社会实验，建立人工智能伦理法规体系和公开透明的监管体系，探索人工智能监管“沙盒”试点。

力争到2025年，在人工智能科技创新、产业发展、示范应用和产业集聚等方面达到国内一流水平。智能网联汽车、智能机器人、智能传感器等领域的关键核心技术达到国内领先水平。人工智能核心产业规模超300亿元，带动相关产业规模2000亿元以上。

4. 德清试验区

德清试验区是目前18个试验区中唯一的县域试验区，其建设任务是：发挥德清县在自动驾驶、智能农业、县域智能治理等方面应用场景丰富的优势，健全智能化基础设施，以特色应用为牵引推进人工智能技术研发和成果转化应用，探索人工智能引领县域经济高质量发展、支撑乡村振兴战略的新模式。

德清试验区积极引进京东、华为、中电海康、迪安诊断等市场主体，落地城市服务机器人、智慧城市云、超算中心、人才梯队培养等项目；加快智能工业、智能农业、智慧交通、智能教育等领域的示范应用，全力打造数字经济和数字社会，已开展实施应用类项目 27 项、产业类项目 19 项，总投资 6.4 亿元。

德清试验区建设的全国首个县域医共体统一支付平台已正式启用，城管物联网平台和大数据平台、城市健康档案大数据中心、停车智能管理系统、图书馆机器人盘点服务、垃圾分类智能监管系统等投入使用，打造方便快捷的智能化社会公共服务体系。

9.3.3 建设国家新一代人工智能开放创新平台

依托市（县）设立人工智能试验区、依托企业建设国家新一代人工智能开放创新平台（以下简称创新平台）都是落实《发展规划》的重大举措。2017 年 11 月，科技部公布了首批创新平台名单，到目前，已有 15 个创新平台，具体信息见表 9.1。

表 9.1 国家新一代人工智能开放创新平台名单

序号	依托企业	平台名称	公布时间
1	百度	自动驾驶	2017 年 11 月
2	阿里云	城市大脑	2017 年 11 月
3	腾讯	医疗影像	2017 年 11 月
4	科大讯飞	智能语音	2017 年 11 月
5	商汤	智能视觉	2018 年 9 月
6	依图科技	视觉计算	2019 年 8 月
7	明略科技	营销智能	2019 年 8 月
8	华为	基础软硬件	2019 年 8 月
9	中国平安	普惠金融	2019 年 8 月
10	海康威视	视频感知	2019 年 8 月

续表

序号	依托企业	平台名称	公布时间
11	京东	智能供应链	2019 年 8 月
12	旷视科技	图像感知	2019 年 8 月
13	360 奇虎	安全大脑	2019 年 8 月
14	好未来	智慧教育	2019 年 8 月
15	小米	智能家居	2019 年 8 月

各依托企业都是所在领域的龙头企业，在行业内发挥着引领和示范作用。

前面章节已经介绍过百度自动驾驶汽车。百度自动驾驶汽车已经在北京、广州、长沙、沧州等城市的限定区域内提供载人服务，截至 2021 年上半年已累计接待乘客超过 40 万人次。在此基础上，2021 年 11 月 25 日，百度自动驾驶出租车获准在北京亦庄经济技术开发区提供有偿服务，开启了国内首个自动驾驶出行服务商业化试点。

2020 年 2 月 10 日，好未来智慧教育顺利完成支持全国各地数百所学校的上万名教师和数十万名学生开展 2020 年的线上第一堂课，最高承载量达到 30 万用户同时在线。2021 年 8 月，《互联网周刊》联合德本咨询、eNet 研究院发布了“2021 智慧教育创新排行榜”，好未来再度位居榜首。

小米人工智能开放平台是一个以智能家居需求场景为出发点，深度整合 AI 和 IoT（物联网）能力，为用户、软硬件厂商和个人开发者提供智能场景及软硬件生态服务的开放创新平台，让更多厂家的产品接入小米人工智能开放平台。截至 2019 年 12 月 31 日，IoT 平台已连接的 IoT 设备数（不包括智能手机和笔记本电脑）达到 2.35 亿台，同比增长 55.6%；拥有 5 件及以上连接小米 IoT 平台的设备（不包括智能手机和笔记本电脑）的用户数增加至 4100 万，同比增长 77.3%。

小米已经推出了空调、门锁、电视、音响、马桶等数十个品类智能家居产品，结合云计算、大数据、人工智能、互联网及物联网技术，背靠超过 3 亿用户群和小米品牌影响力，小米已经将自己的领地推进到了智能客厅、卧室、卫生间、厨房、个护、运动出行、影音文娱、生活方式等各个场景。

9.4 人工智能发展带来的挑战

人工智能在给经济社会发展带来重大机遇的同时，也会带来新挑战。《发展规划》指出，人工智能是影响面广的颠覆性技术，可能带来改变就业结构、冲击法律与社会伦理、侵犯个人隐私、挑战国际关系准则等问题，将对政府管理、经济安全和社会稳定乃至全球治理产生深远影响。在大力发展人工智能的同时，必须高度重视可能带来的安全风险挑战，加强前瞻预防与约束引导，最大限度降低风险，确保人工智能安全、可靠、可控发展。

改变就业结构、冲击法律与社会伦理、侵犯个人隐私与广大的社会大众的生活直接相关，应该给予高度重视并采取有效措施，尽量消除负面影响。

9.4.1 重视人工智能发展给就业结构带来的影响

早期的计算机是以计算工具的身份出现的，这也是计算机名称的由来。作为一种会计算的机器，计算机早期的应用主要是科学计算，把人从繁重的计算工作中解放出来，计算员的工作被计算机代替了。随着计算机技术的不断发展，特别是个人计算机和互联网的出现，极大地拓展了计算机的应用范围，计算机广泛应用于激光照排印刷、网络新闻、网上购物、网上银行、网上支付、信息检索、电子邮件、在线学习等与人们工作、生活密切相关的各个领域，印刷厂排字员、报纸记者与编辑、商场与书店售货员、银行柜员、邮局邮递员与电报员、公交车售票员等一批传统工作岗位受到影响。

近几年，随着人工智能系统和产品的不断出现，已经并将继续影响收银员、会计、新闻记者、播音员、检票员、安检员、汽车驾驶员、快递分拣员、客服人员等一大批工作岗位，当然也会催生出个性化设计师、建筑艺术设计师、工程艺术设计师、数据分析师、人工智能训练师、智能产品设计师、智能制造工程技术人员、工业互联网工程技术人员、虚拟现实工程技术人员、连锁经营管理师、供应链管理师、全媒体运营师等一批新的需要更多信息技术知识与创新能力的工作岗位。

随着人工智能产品的不断增加与应用的不断拓展，要加强人工智能对就业结构影响的前瞻性研究，及时预见到对就业结构带来的实际影响，在教育培训、就业指导等方面采取有效应对措施。开设相关课程，开展科普教育，吸引更多的中小学生学习、了解人工智能，激发其对人工智能的兴趣；调整专业结构，优化人才培养方案，培养一大批从事人工智能研发、应用的复合型、创新型、应用型高素质人才；强化人工智能知识能力培训，更新知识能力结构，助力在职人员更好地适应人与人工智能系统合作（人机合作）的工作模式，帮助变动工作岗位的人员尽快适应新的工作岗位。

9.4.2　重视人工智能发展给法律与社会伦理带来的影响

相对于以往的技术和产品，人工智能技术和产品有着更为广泛和深入的应用，会更深入地融入人们的日常工作和生活中，不仅会影响和改变人类生产生活方式，还会影响和改变人类的思维模式，会更多地引发法律问题和社会伦理问题。如果自动驾驶汽车发生交通事故，如何界定和划分其责任？如果智能机器人在工作时出现失职行为，其责任如何界定？如果自动收费系统出现收费错误，责任该如何确定？遇到突发情况，自动驾驶汽车避让算法依据什么原则设计？如何保证图像生成、语音生成技术不被滥用？个性化服务中的智能决策算法如何保证公平合理、公开透明？等等，诸如此类的问题需要深入研究，逐步建成完善的人工智能法律法规、伦理规范和政策体系。

9.4.3　重视人工智能发展给个人隐私保护带来的影响

自从进入互联网时代，人们在享受互联网带来的便利的同时，也面临着泄露隐私数据的风险。随着智慧医疗、智慧旅游、智慧交通、刷脸门禁、网络购物、网络购票、宾馆预订、网上支付等数字生活方式的不断普及，人们在享受到便捷和周到服务的同时，大量的个人隐私数据被收集存储。而且，由于系统安全漏洞、黑客攻击、管理不严、不法人员谋求个人私利等因素，无意或有意泄露个人隐私数据的事情时有发生，给人们的财产安全以及人身安全带来了不同程度的风险。

随着人工智能应用的不断深入和普及，基于互联网的各种服务会越来越多、越来越智能化，也会收集使用者更多的个人隐私数据。此时，更需要重视个人隐私数据的保护，可以从 3 个层面强化个人隐私数据的保护：一是制定相应的法律法规，自 2021 年 11 月 1 日开始施行的《中华人民共和国个人信息保护法》对个人信息的收集、存储、使用、加工、传输、提供、公开、删除等都进行了严格规定，对保护个人隐私数据具有重要作用；二是制订保护个人隐私数据的伦理规范，在人工智能系统的管理、研发、供应、使用等环节都要严格遵守伦理规范，注意保护个人隐私数据；三是研发新的信息安全技术，从技术层面保护个人隐私数据不被非法窃取和滥用。通过多种手段保护好个人隐私数据，让人们在更加安全的环境下放心使用人工智能产品和获得服务。

9.5 人工智能伦理

伦理是指在处理人与人、人与社会相互关系时应遵循的道理和准则。科技伦理是指科技创新活动中人与社会、人与自然和人与人关系的思想与行为准则，它规定了科技工作者及其共同体应恪守的价值观念、社会责任和行为规范。

对于人工智能研究、开发、管理、应用等各个环节，要及时制订相应的伦理规范，从事人工智能相关工作，要严格遵守相应的伦理规则。

9.5.1 联合国教科文组织通过《人工智能伦理建议书》

2021 年 11 月，联合国教科文组织第 41 届大会审议通过《人工智能伦理建议书》，建议在发展人工智能时应遵循如下价值观和伦理原则：

价值观涉及：尊重、保护和促进人权和基本自由以及人的尊严，保护环境和生态系统蓬勃发展，确保多样性和包容性，在和平、公正与互联的社会中共生。伦理原则涉及：相称性和不损害，安全和安保，公平和非歧视，可持续性，隐私权和数据保护，人类的监督和决定，透明度和可解释性，责任和问责，技术认知和素养，多利益攸关方协同治理。

9.5.2 欧盟发布《人工智能伦理准则》

2019 年 4 月，欧盟发布了《人工智能伦理准则》，确立了 3 项基本原则：人工智能应当符合法律规定；人工智能应当满足伦理原则；人工智能应当具有可靠性。

欧盟的《人工智能伦理准则》列出了“可信任的人工智能”应当满足的 7 项关键要求：人的能动性和监督能力；可靠性和安全性；隐私和数据治理；透明度；多样性、非歧视性和公平性；社会和环境福祉；可追责性。

根据这些准则，（人工智能）算法做出的任何决定都必须经过验证和解释，并要确保公平。

9.5.3 我国发布《新一代人工智能治理原则》

为促进新一代人工智能健康发展，更好协调发展与治理的关系，确保人工智能安全、可靠、可控，推动经济、社会及生态可持续发展，共建人类命运共同体，我国国家新一代人工智能治理专业委员会于 2019 年 6 月发布了《新一代人工智能治理原则——发展负责任的人工智能》，提出了和谐友好、公平公正、包容共享、尊重隐私、安全可控、共担责任、开放协作、敏捷治理等 8 项人工智能发展相关各方应遵循的原则。

为细化落实《新一代人工智能治理原则》，增强全社会的人工智能伦理意识与行为自觉，积极引导负责任的人工智能研发与应用活动，促进人工智能健康发展，国家新一代人工智能治理专业委员会于 2021 年 9 月又发布了《新一代人工智能伦理规范》（以下简称《伦理规范》），旨在将伦理道德融入人工智能全生命周期，为从事人工智能相关活动的自然人、法人和其他相关机构等提供伦理指引。

《伦理规范》提出了人工智能各类活动都应遵循增进人类福祉、促进公平公正、保护隐私安全、确保可控可信、强化责任担当、提升伦理素养等 6 项基本伦理要求。

《伦理规范》还提出了管理、研发、供应、使用等人工智能特定活动应遵循的 18 项具体伦理规范。

管理规范：推动敏捷治理、积极实践示范、正确行权用权、加强风险防范、促进包容开放。

研发规范：强化自律意识、提升数据质量、增强安全透明、避免偏见歧视。

供应规范：尊重市场规则、加强质量管控、保障用户权益、强化应急保障。

使用规范：提倡善意使用、避免误用滥用、禁止违规恶用、及时主动反馈、提高使用能力。

从事人工智能相关的管理、研发、供应、使用等环节的工作，都要认真遵守规范，严格按规范要求开展工作、履行职责，努力发挥人工智能的正面作用，抑制其负面作用，确保人工智系统安全、可靠、可控运行。

9.6 人工智能的发展展望

人工智能经过几十年的发展，特别是近几年的快速发展，已在多个领域得到应用。人脸识别、语音识别、智能导航、机器翻译等更是得到了广泛的应用。未来 10 年、20 年，以至更长的时期，人工智能会持续保持快速发展的态势并深刻改变人们的生活。

2021 年 11 月，美国《福布斯》网站列出了 2022 年人工智能的 7 大发展趋势：

（1）增强人类的劳动技能。在几乎每个职业领域，各种智能工具和服务正在涌现，以帮助人们更有效地完成工作，人工智能与人们日常生活的联系将会变得更加紧密。

（2）更大更好的语言建模。人工智能公司 OpenAI 正在开发一个更强大的语言模型 GPT-4，它可能包含多达 100 万亿个参数（与人脑的神经元连接一样多）。从理论上讲，它离创造语言以及进行人类无法区分的对话更近了一大步。

(3) 网络安全领域的人工智能。随着机器越来越多地占据人们的生活，黑客和网络犯罪不可避免地成为一个更大的问题。通过分析网络流量、识别恶意应用，智能算法将在保护人类免受网络安全威胁方面发挥越来越大的作用。

(4) 人工智能与元宇宙。元宇宙是一个虚拟世界，就像互联网一样，重点在于实现沉浸式体验。人工智能将有助于创造在线环境，人们或许很快就会习惯与人工智能生物共享元宇宙环境。比如，想要放松时，就可与人工智能打网球或玩国际象棋游戏。

(5) 低代码和无代码人工智能。低代码/无代码工具将成为科技巨头们的下一个战斗前线。美国亚马逊公司2020年6月发布了Honeycode平台，该平台是一种类似于电子表格界面的无代码开发环境。

(6) 自动驾驶交通工具。数据显示，全世界每年有130万人死于交通事故，其中90%是人为失误造成的。人工智能将成为自动驾驶汽车、船舶和飞机的“大脑”，正在改变这些行业。

(7) 创造性人工智能。在GPT-4、谷歌“大脑”等新模型的加持下，人们可以期待人工智能提供更加精致、看似“自然”的创意输出。创造力通常被视为一种非常人性化的技能，但人们将越来越多地看到这些能力出现在机器上。

百度创始人、董事长兼CEO李彦宏在2021年7月举行的智能经济高峰论坛演讲中说：未来10年，人工智能领域将有自动驾驶、数字城市运营、机器翻译、生物计算、深度学习框架、知识管理、AI芯片和个人智能助手等8项关键技术实现从量变到质变，从而深刻地改变社会。

2021年9月，华为发布《智能世界2030》报告，展望了未来10年人工智能发展给人们的“医食住行”等日常生活带来的变化。

医疗健康方面：通过对公共卫生和医疗健康数据的建模计算，将能实现主动预防，从“治已病”到“治未病”；借助物联网、AI等技术，让未来的治疗方案将不再千篇一律。

饮食方面：利用类似“垂直农场”这样的新种植模式，可以通过数据来打造不受气候变化和自然地理环境影响，可全球复制的智能农业形态，普惠绿色饮食。

居住环境方面：人们有可能在零碳建筑中工作和生活，基于下一代物联网操作系统，实现居家和办公环境的自适应，打造新的交互体验，让人们拥有“懂你”的空间。

出行体验方面：有了自动驾驶技术的新能源汽车，能让人们拥有专属的移动第三空间；新型的载人飞行器不但能提升紧急救援效率，降低救急医疗物资的输送成本，甚至还能改变我们的通勤方式。

上面的预测和展望目标不一定都能如期实现，但大的发展方向是确定的，或许早几年实现，或许晚几年实现。人工智能的发展，还会在更大的范围、更深的层次上应用于我们的生活，改变我们的生活。

但技术的发展都有其两面性，汽车的出现和不断发展极大地提高了货运、客运能力和水平，拓展了人类的活动范围，增强了人类的生活能力，有力地促进了经济社会的快速发展；同时，各种汽车的广泛使用也带来了交通事故、大气污染等负面影响。

人工智能的发展也有正、反两个方面的影响，而且在两个方向上的影响或许都更为明显一些，做好事能做得很好，做坏事其破坏性也很大。单纯作为交通运输工具的汽车，改变的只是人们的出行方式和货物运输方式，而人工智能却可以应用于人类发展的各个领域，并且可以多方面地改变人们的工作方式、生活方式，甚至于思维方式。人工智能的发展与应用不仅为经济社会高质量发展带来重大机遇，也会给经济社会发展带来新的挑战。

汽车的出现与应用，提高了人们的出行与运输效能，拓展了活动范围，带来的负面影响包括引发交通事故、造成大气污染等。因此需要通过严格驾驶人员管理、严格汽车检测标准、制定交通法律法规、推广交通安全教育、提高汽车安全性能、严格尾气排放标准、开发新能源汽车等措施，尽可能降低其负面作用。

自动驾驶汽车的出现与应用，不仅能够进一步提高人们的出行与运输效能，更大程度上拓展人们的活动范围，而且还能改进人们的生活方式。坐到车里就等同于到了办公室、到了家，在车上可以办公、谈话、休息、参加视频会议等，到办公室或到家后汽车还可自动寻找车位或驶入自家车库，节省大量时间和精力。伴随而来的可能的负面影响是，一旦出现交通事故或车辆失控，造成的损失也许会更严重。同样，需要针对自动驾驶汽车，制定科学严密的法律法规、严格的安全性能和技术标准，进行严格的测试与评估等，确保其安全、可靠、可控运行。

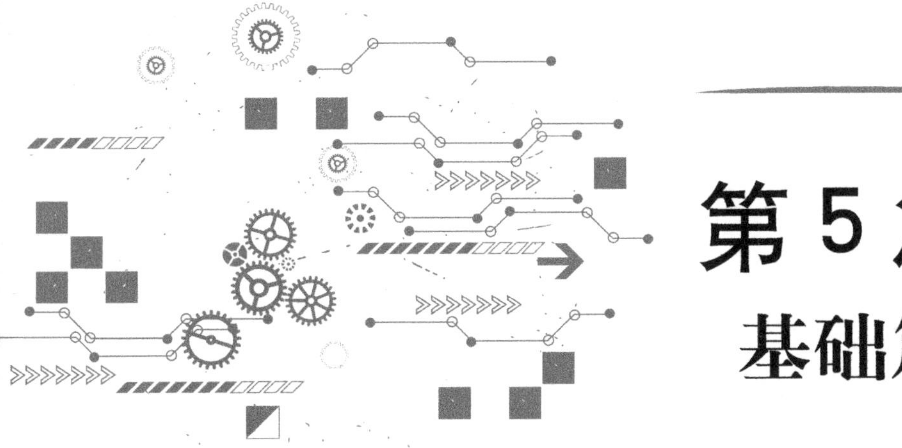

第 5 篇
基础篇

近 10 年来，深度学习模型的实用化促进了人工智能的快速发展和广泛应用，训练出一个好的深度学习模型需要高性能计算机、大数据训练样本和高质量算法做基础。目前，世界上运算速度最快的计算机，其运算速度已达到每秒 53.7 亿亿次，互联网的广泛应用为收集大数据提供了基础，研究者开发出了多种性能强大的深度学习算法。

从信息技术发展与应用的角度看，人工智能的应用是计算机应用、互联网应用基础上的自然升级。从 1946 年诞生通用电子计算机开始，早期的计算机应用主要是单机应用。在计算机的发展历程中，一方面单台计算机的性能不断快速提升，基本遵从摩尔定律：集成电路芯片上可容纳的晶体管数目，大约每隔 18 个月便会增加 1 倍，芯片性能（计算速度）也将提升 1 倍。另一方面，从 20 世纪 60 年代末人们开始探索计算机联网应用。从 20 世纪 90 年代开始，计算机应用逐步过渡到以联网应用为主，互联网的应用既给人们带来了很大的便利，也给大量收集数据带来可能。21 世纪初，深度学习算法研究取得重大突破，加上已经具备的高性能计算和大数据条件，开启了新一轮人工智能快速发展的新阶段。

第10章　高性能计算机

计算机是人工智能发展的硬件基础，计算机硬件性能的不断提高有效支持了人工智能算法的实现（把算法转化为能实际运行的程序）。计算机技术的发展与人工智能的发展是相伴而行的：计算机性能的不断提高支持了人工智能应用的实现，需要是发明之母，人工智能及其他领域的发展需求促进了计算机性能的不断提高。

10.1　计算机技术的发展

自从1942年第一台电子计算机——ABC计算机、1946年第一台通用电子计算机——“埃尼阿克”（ENIAC）诞生以来，电子计算机的发展速度是惊人的，经历了电子管计算机、晶体管计算机、大规模集成电路计算机和超大规模集成电路计算机几个发展阶段。电子计算机始于1942年，但计算工具的历史却要漫长得多。

10.1.1　早期的计算工具

人类初期的计算主要是计数，人有两只手、十个手指，最早用来帮助人们计数（计算）的工具是人的手指，并且十进制记数法成为人们最习惯的方式。在没有任何文字与数字符号的远古时代，人们慢慢学会了用石子记数，用在绳子上打结的方式来记事和记数。我国古书上有“事大，大结其绳；事小，小结其绳”和“结之多少，随物众寡”的记载。

人类漫长的发展历史中，最早使用的人造计算工具是算筹，我国古代劳动人民最先制作和使用了这种简易的计算工具。在先秦诸子著作中，有不少关于“算”“筹”的记载。算筹是供计算用的筹棍，如图 10.1 所示，有竹制的、木制的和骨制的，用算筹进行的计算叫筹算。算筹在当时是一种方便、实用的计算工具，它可以按照一定的规则灵活地布于地上或盘中。筹算时，一边计算一边不断地重新摆放筹棍，能够进行加减乘除等运算。我国古代数学家使用算筹这种计算工具，使我国的计算数学在当时处于世界上遥遥领先的地位，创造出了非凡的数学成就。祖冲之（429—500，南北朝时期著名的数学家、天文学家）就是用算筹计算出圆周率 π 的值在 3.141 592 6 至 3.141 592 7 之间，计算到这样的精度比西方早了 1000 多年。常用的成语“运筹帷幄之中，决胜千里之外”中的筹指的就是算筹。

图 10.1　算筹

图 10.2　算盘

随着人类社会的不断发展和进步，要求进一步提高计算速度和计算能力，算筹不适应复杂计算需要的缺点越来越明显。算筹被更先进、计算能力更强、使用更方便的新一代计算工具——算盘（也称为珠算，因算盘的主要组成部件是算盘珠而得名）取代了。这是计算工具发展史上第一次重大的升级换代。算盘有很多种样式，图 10.2 是一种最为常见的样式。

我国的算盘最早出现于唐代，算盘与算筹共存了一段时间并不断改进和完善，在元代中后期算盘取代算筹得到广泛应用，它是一种采用十进制的计算工具。在当时看来，算盘轻巧灵活、携带方便，应用极为广泛。在中世纪时期的世界各民族中，算盘是最为普及并和人们的工作生活密切相关的计算工具。它不但对我国的经济发展和社会进步发挥过非常重要的作用，而且流传到周边的日本、朝鲜及东南亚各国，后来又传入欧洲一些国家，对世界文明做出了重要贡献。

10.1.2 机械计算机

16世纪中叶之前，欧洲数学和计算工具的发展是缓慢的，落后于当时的中国、印度、埃及等国。进入17世纪，数学和计算工具的发展重心逐渐转移到了欧洲。在欧洲，由中世纪进入文艺复兴时期的社会大变革，极大地促进了自然科学技术的发展。人们长期被神权压抑的创造力得到极大释放，自由探讨学术问题的气氛空前高涨。其中制造一台能帮助人们进行数值计算的机器，成为自然科学技术发展的一个崇高目标。一位又一位富于智慧与创新精神的科学家、工程师为实现这一伟大目标进行了不懈的努力。虽然受当时自然科学技术总体水平的限制，很多设计方案没能成为现实，但为后来计算机的发展奠定了坚实的基础。

英国数学家约翰·纳皮尔（John Napier，1550—1617）以发明对数而闻名，1614年他发明了一种能简化乘除运算的骨质拼条，称为纳皮尔骨条。1620年，英国数学家埃德蒙·冈特（Edmund Gunter，1581—1626）发明了对数计算尺，利用对数原理，把要计算的数字转换成度量尺的数码，然后对这些数码进行处理，得出计算结果。1624年，英国数学家威廉·奥特雷德（William Oughtred，1575—1660）也是根据对数原理发明了圆形滑动计算尺。17世纪中叶以后，出现了带有游标与滑尺的现代型计算尺。当时，计算尺是很流行的计算工具。图10.3所示是早期的一种计算尺。

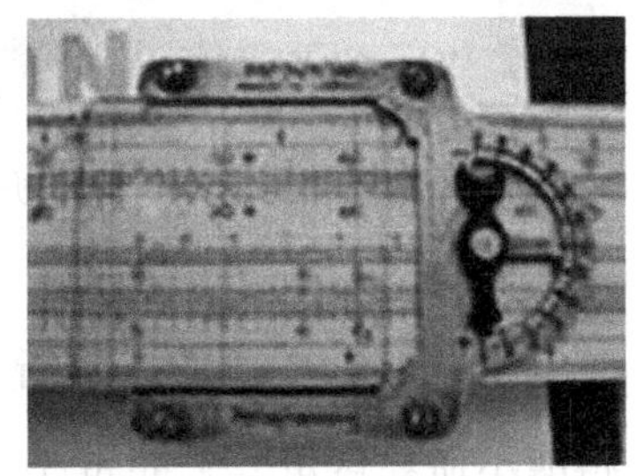

图10.3 计算尺

1623年德国人威尔赫姆·谢克哈特（Wilhelm Schickard，1592—1635）给出了一个能进行加减乘除运算，并能通过铃声输出答案的计算机（称为“计算钟”）的设计方案，“计算钟”利用齿轮的转动来完成计算。可惜的是，一场大火烧毁了制作过程中的样机模型。

物理学中著名的帕斯卡定律的发现者，法国著名的物理学家、数学家和哲学家帕斯卡（Blaise Pascal，1623—1662）为了帮助身为地方税务官的父亲算账，1642 年，在他年仅 19 岁时，发明了齿轮式能实现加减法运算的计算机，如图 10.4 所示，称为 Pascaline。

莱布尼茨（Gottfried W. Leibniz，1646—1716）是德国伟大的数学家和思想家，他和牛顿同时创立了微积分。1673 年，莱布尼茨制造了一台能进行加减乘除四则运算的机械式计算机，如图 10.5 所示。

图 10.4 帕斯卡计算机

图 10.5 莱布尼茨计算机

1777 年，英国的查尔斯·马洪（Charls Mahon，1753—1816）发明了逻辑演示器。这是一个非常小巧的简单机器，能解决传统的演绎推理、概率以及逻辑形式的数值问题，被称为计算机决策与逻辑功能的先驱。

1804 年，法国人约瑟夫·雅各（Joseph M. Jacquard，1752—1834）发明了穿孔卡片织布机，该机器能够根据穿孔卡片上的“信息”自动编织出相应的图案，引起法国丝织工业的革命。雅各织布机虽然不是能进行计算的机器，但它对穿孔卡片输入输出装置的设计开发具有很好的启发作用。基于穿孔卡片的信息输入输出和机器操作（运行）控制方式，对后来计算机的发展产生了重要影响。

1820 年，法国人查马斯·德·科尔（Charles de Colmar，1785—1870）改进了莱布尼茨的设计，研制出第一台能够实际应用的机械计算机，并生产了 1500 台。

1847年，英国数学家、逻辑学家乔治·布尔（George Boole，1815—1864）开始创立逻辑代数（也称为布尔代数），1854年出版了专著《布尔代数》（*Boolean Algebra*）。他的逻辑理论建立在两个逻辑值0、1和3个逻辑运算符“与”（and）、“或”（or）、“非”（not）的基础上，这种简化的二值逻辑为数字计算机的二进制数计算、开关逻辑元件和逻辑电路的设计奠定了基础。同为英国逻辑学家的威廉·杰文斯（William Jevons，1835—1882）认为布尔代数是自亚里士多德以来逻辑学中最伟大的进展。亚里士多德（Aristotle，公元前384—公元前322，古希腊人）是世界古代史上最伟大的哲学家、科学家和教育家之一，创立了形式逻辑学。

1872年，美国人弗兰克·鲍德温（Frank Baldwin，1838—1925）开始建立美国的手摇计算机工业。这些手摇计算机在1960年电子计算器出现之前，一直是广泛使用的机械计算设备，不同的是逐渐由手摇变为了电动。图10.6所示就是一台手摇计算机。

图10.6 手摇计算机

上面介绍的计算机基本上都属于手动机械式计算装置。除了鲍德温的手摇计算机逐渐变为电动外，英国数学家查尔斯·巴贝奇（Charles Babbage，1791—1871）也取得了突破性进展，使计算机不但能快速地完成加减乘除运算，还能够自动完成复杂的运算，从手动机械进入自动机械的新时代。

巴贝奇在剑桥大学求学期间，正是英国工业革命兴起之时，当时为了解决航海、工业生产和科学研究中复杂的计算问题，许多数学表，如对数表、函数表应运而生。这些数学表尽管给计算工作带来了很大的方便，但其中的错误也很多，巴贝奇决心研制新的计算工具，用机器取代人工来计算这些实用价值很高的数学用表，以保证表中数据的正确。

巴贝奇研制的第一台差分机于1822年完成，以蒸汽机为动力，由多个直立的铜柱组成，每个铜柱上等距离地垂直装配有6个齿轮，每个齿轮对应的字轮上都刻有数字 0～9，不同位置的字轮代表十进制数的不同位，通过齿轮彼此间的咬合传动完成自动计算，计算精度达到 6 位小数，可用于计算数的平方、立方、对数和三角函数等值，如图 10.7 所示。这台差分机的创新之处：一是有 3 组字轮作为“寄存器”来存放计算中涉及的数据；二是可以按预先安排好的计算步骤进行一连串的计算，可以看作是“程序自动控制”思想的萌芽。

图 10.7　差分机

之后，巴贝奇又开始了第二台差分机的研制，其目标是能计算具有 20 位有效数字的 6 次多项式的值。由于当时机械加工技术难以达到设计精度，以及巴贝奇又开始了一个新的研究计划而失去了对差分机的研制兴趣等原因，巴贝奇的第二台差分机研制计划没有完成。

新的计划是研制分析机，1833 年巴贝奇参照穿孔卡片原理，设计出了分析机模型。分析机的创新之处在于它包括了现代计算机所具有的 5 个基本组成部分：输入装置、存储装置、资料处理装置、控制装置和输出装置，分别对应现在所用计算机的输入设备、存储器、计算器、控制器和输出设备。

巴贝奇先进的设计思想超越了当时的科学技术水平。由于当时的机械加工技术还达不到所要求的精度，使得这台以齿轮为基本元件、以蒸汽机为动力的机器一直到巴贝奇去世也没有完成。

虽然巴贝奇没能亲自把设计方案变成现实，但新型差分机和分析机最终都得以研制成功。1854 年，一对瑞典父子按照巴贝奇的设计方案制造出世界上第一台全操作性的差分机。1906 年，在巴贝奇的儿子小巴贝奇的监造下，分析机也得以问世，这台分析机能够把圆周率 π 的值计算到小数点后第 29 位。

10.1.3 机电计算机

由于美国众议院议员的席位按人口比例在各州之间分配，各州向联邦政府缴纳的税收也和人口数有关，因此美国每 10 年要进行一次全国人口普查。人口普查全部是人工统计，1880 年的普查数据统计工作用了 7 年的时间才完成。由于人口的不断增加，预计 1890 年的统计时间将会超过 10 年，这样人口普查也就没有意义了。美国人口普查部门希望能得到一台机器以帮助提高统计效率。1886 年，美国人口统计局的赫尔曼·霍勒瑞斯（Herman Hollerith，1860—1929）博士，借鉴了雅各织布机的穿孔卡原理，用穿孔卡片存储数据，用电磁继电器代替一部分机械元件来控制穿孔卡片，研制出第一台机电式穿孔卡系统——制表机。这台机器参与了 1890 年的美国人口普查工作，结果仅用了 6 周时间就得出了准确的人口总数（62 622 250 人），完成全部的统计工作也只用了 1 年零 7 个月的时间。这次人口普查工作完成后，霍勒瑞斯于 1896 年创建了制表机公司（TMC），1911 年 TMC 公司与另外两家公司合并，成立了 CTR 公司。1924 年，CTR 公司改名为国际商业机器公司（International Business Machines Corporation，IBM），这就是长期占据大型计算机制造业霸主地位的 IBM 公司的由来。

第一位全部采用电器元件来制造计算机的是德国工程师康拉德·祖斯（Konrad Zuse，1910—1995）。1941 年，祖斯研制成功机电计算机 Z-3，这是世界上第一台完全由程序控制的机电式计算机。Z-3 不仅全部采用继电器，同时采用了浮点记数法、二进制运算、带数字存储地址的指令格式等。这些设计思想虽然在祖斯之前已经提出，但由祖斯第一次具体实现。

1936 年美国哈佛大学应用数学教授霍华德·艾肯（Howard Aiken，1900—1973）在读过巴贝奇关于分析机的设计笔记后深受启发，提出用机电的方法而不是纯机械的方法来实现分析机的想法，这就是“马克一号”（Mark-Ⅰ）机电计算机的设想。1944 年，得到 IBM 公司资助的“马克一号”计算机研制成功并在哈佛大学投入运行。

“马克一号”长 15.5 米、高 2.4 米，由 75 万个零部件组成。它使用了大量的继电器作为开关元件，它的计算速度是每次加法用 0.3 秒，每次乘法用 6 秒，运行时噪声很大。尽管它的可靠性不够高，但仍然在哈佛大学使用了 15 年。Mark-Ⅰ只是部分采用了继电器，其后，在 1945 至 1947 年间，艾肯又领导研制成功一台全部使用继电器的计算机——“马克二号”（Mark-Ⅱ）。

艾肯等人制造的机电计算机的主要部件是普通继电器，继电器比较慢的开关速度限制了计算机运算速度的提高。

10.1.4 电子计算机

20 世纪是动荡的世纪，也是科学技术大发展的世纪。人类掌握了电子技术，分裂了原子，经历了两次世界大战。就是在第二次世界大战的隆隆炮声中，具有划时代意义的计算工具——电子计算机诞生了。当然，现在电子计算机的应用已远远超出了传统计算的范畴，已经广泛应用到人类生活的各个领域，极大地促进了人类智力解放的进程。

早在 20 世纪 30 年代后期，一些有远见的科学家就已经看到了使用电子器件来大幅度提高计算机运算速度的可能性。最早探索研制电子计算机的是阿塔纳索夫。

阿塔纳索夫（John V. Atanasoff，1903—1995）是美国爱荷华州立学院（现爱荷华州立大学）的数学物理学教授。同当时多数计算机设计者一样，他也是由于在求解数学物理微分方程时遇到计算困难而对计算技术产生了兴趣。阿塔纳索夫从 1935 年开始探索运用数字电子技术进行计算工作的可能性，经过反复研究实验与冥思苦想，提出了电子数字计算机设计方案，并与当时还在读研究生的贝利（Clifford Berry，1918—1963）合作，于1942年完成了研制工作，他们的电子数字计算机命名为ABC。A、B分别取两人名字的第一字母，C为“Computer”（计算机）的第一个字母。由于多种原因，专利申请工作没有完成。阿塔纳索夫的方案是计算机设计中最早采用电子技术的方案。1941年6月，“埃尼阿克”的设计者约翰·莫奇利（John W. Mauchly，1907—1980）曾到爱荷华州立学院的实验室参观了接近完成的ABC计算机，阿塔纳索夫向莫奇利详细介绍了ABC的研制过程，莫奇利阅读了阿塔纳索夫关于电子计算机的设计方案与图纸。

第二次世界大战中，美国宾夕法尼亚大学莫尔学院同阿伯丁弹道研究实验室共同负责为陆军每天提供6张火力表，这项任务非常困难和紧迫。因为每张火力表都要计算几百条弹道，而一个熟练的计算员计算一条飞行时间60秒的弹道需要20小时，即使借助大型微分分析仪也需要15分钟。从战争一开始，阿伯丁实验室就不断对微分分析仪做技术上的改进和完善，同时聘用了200多名计算员。即使这样，计算一张火力表也往往要算两三个月的时间，很难满足军方的需要。当时，负责阿伯丁实验室同莫尔学院联系的军方代表是年轻的赫尔曼·戈尔斯坦（Herman H. Goldstine，1913—2004）中尉，入伍前在一所大学任数学助理教授。他的朋友莫奇利这时正好在莫尔学院任教。莫奇利参观阿塔纳索夫的实验室1年后，于1942年8月写了一份题为《高速电子管计算装置的使用》的备忘录，它实际上成为第一台通用电子计算机“埃尼阿克”的初始设计方案。这一备忘录曾在莫奇利的一些同事中传看，尤其引起了研究生约翰·埃克特（John P. Eckert，1919—1995）的浓厚兴趣。埃克特后来成为研制“埃尼阿克”的总工程师。莫奇利也多次对戈尔斯坦介绍自己关于电子计算机的设计方案，并得到了戈尔斯坦及其上级的大力支持。1943年4月2日，莫尔学院向军方提交了一份为阿伯丁弹道研究实验室制造一台电子数字计算机的书面报告并很快获得批准。

1943年6月5日，莫尔学院和军械部正式签订了研制计算机的合同，机器被命名为“电子数字积分计算机”（Electronic Numerical Integrator and

Computer，ENIAC)，中文名为“埃尼阿克”。

经过两年多的工作，1945 年底，这台标志人类计算工具历史性变革的巨型机器宣告研制成功，1946 年 2 月 15 日举行了正式的揭幕典礼，1947 年被运往阿伯丁弹道研究实验室。“埃尼阿克”起初专门用于弹道计算，后来经过多次改进而成为能进行各种科学计算的通用计算机，如用于天气预报、原子核能和风洞实验设计等。

如图 10.8 所示，“埃尼阿克”占地面积达 170 平方米；使用了大约 18 000 只电子管，1500 个继电器，70 000 只电阻，18 000 只电容；开始预算经费是 15 万美元，实际耗资近 49 万美元，重 30 吨；运算速度为每秒 5000 次加法，计算一条弹道只需 30 秒钟；耗电量很大，功率为 150 千瓦，工作时，常常因为电子管烧坏而不得不停机检修。尽管如此，在人类计算工具发展史上，它仍然是一座不朽的里程碑。1955 年 10 月 2 日，“埃尼阿克”正式退休，实际运行了 80 223 个小时。

图 10.8 “埃尼阿克”电子计算机

由于广泛采用了电子线路和电子器件，“埃尼阿克”的运算速度比已有的计算机快了 1000 倍，这就使它能够胜任相当广泛的现代科学计算任务。

“埃尼阿克”显示了电子器件在提高运算速度上的可能性，却没有最大限度地发挥出电子技术的巨大潜力。“埃尼阿克”存在着一些明显的不足：首先，它的存储容量太小，至多只能存储 20 个字长为 10 位的十进制数；其次，它与后来的“存储程序”式的计算机不同，它的程序是“外插”型的，即用线路连接的方式来实现，执行程序前要进行复杂的线路连接，很不方便。为了完成几分钟或几小时的计算任务，准备工作就要用去几小时甚至一两天的时间。

ABC 是世界上第一台电子计算机，“埃尼阿克”是世界上第一台实际应用的通用电子计算机，ABC 和“埃尼阿克”开启了计算机快速发展的新时代。

自第一台通用电子计算机“埃尼阿克”诞生至今，虽然只有 70 多年的时间，但计算机的性能以及应用广度与深度发生了巨大变化。从“埃尼阿克”的每秒 5000 次加法运算到目前日本的“富岳”（Fugaku）超级计算机的每秒 53.7 亿亿次浮点运算，从早期的应用于数值计算到目前广泛应用于数值计算、信息处理、过程控制、计算机辅助系统、人工智能、网络服务等几乎人类生活的各个领域。其实，有时一项计算机应用涉及多个领域。例如，火星探测器从设计、测试到发射、飞行、拍照与图像回传是综合运用了数值计算、信息处理、过程控制、计算机辅助设计与测试、人工智能和计算机网络等功能。

从“埃尼阿克”诞生到现在，计算机硬件的发展可以划分为四代，第一代计算机（1946—1958）的主要部件为电子管，第二代计算机（1959—1964）的主要部件为晶体管，第三代计算机（1965—1970）的主要部件为集成电路，第四代计算机（1971—）使用大规模、超大规模集成电路。四代计算机也分别称为电子管计算机、晶体管计算机、集成电路计算机、超大规模集成电路计算机。20 世纪 80 年代初，日本、美国等国家曾提出第五代计算机（智能计算机）的研制计划，但并没有达到预期目标。目前，人们使用的计算机仍属于第四代计算机。

10.2 计算机的硬件组成

从组成计算机系统的硬件部分来看，现在使用的计算机都属于冯·诺依曼型计算机，其基本组成结构由冯·诺依曼（John von Neumann，1903—1957）等人在 1945 年完成的《关于电子计算装置逻辑结构设计》研究报告中给出。计算机由控制器、运算器、存储器、输入设备和输出设备 5 个部分组成，采用二进制、存储程序等技术方案。

10.2.1 中央处理器

中央处理器（CPU）由运算器和控制器组成，更微观来说，中央处理器还包括寄存器。中央处理器是计算机内部对数据进行处理并对处理过程进行控制的核心部件。运算器负责完成算术运算和逻辑运算，寄存器临时保存参与运算的数据，控制器负责从存储器读取指令并按照指令的要求指挥各部件工作。

随着集成电路技术的快速发展，芯片集成度越来越高，CPU 可以集成在一个半导体芯片上，这种具有中央处理器功能的超大规模集成电路芯片就是芯片化的 CPU。目前，CPU 芯片的主要生产厂家有 Intel 公司和 AMD 公司等，如图 10.9 和图 10.10 所示分别是 Intel 公司和 AMD 公司生产的两款 CPU 芯片。

图 10.9 Intel CPU

图 10.10 AMD CPU

10.2.2 存储器

计算机中的存储器分为主存和辅存两类，也称内存和外存。内存用于存放要执行的程序和相应的数据，外存作为内存的后援设备，存放暂时不需要执行而将来要执行的程序和相应的数据。

1. 内存

计算机中常见的内存种类主要有随机存取存储器、只读存储器和高速缓存。如果不特别说明，内存一般是指随机存取存储器。

（1）随机存取存储器。随机存取存储器（RAM）的特点是：既可以往里存储数据，也可以从中读取数据，而且采用存取速度较快的随机存取方式。目前，RAM 内存主要选用性能较高的双倍数据速率同步动态随机存取存储器（DDR SDRAM），简称 DDR 内存。RAM 内存通常做成内存条的形式，如图 10.11 所示。在通电的情况下，RAM 中的数据能够保持，关机或停电将导致 RAM 中的数据丢失。

图 10.11 内存条

（2）只读存储器。与既可以向 RAM 中存入数据，也可以从中读出数据不同，早期的只读存储器（ROM）中的数据一旦写入，只能读，不能改写。ROM 中的数据一般是在计算机出厂前由制造商写入的，在停电或关机后数据也不会丢失。主要用于存放系统引导程序、开机自检程序和系统参数等（BIOS 程序）。随着技术的进步及为了满足现实的需要，陆续出现了多种可由用户写入数据的 ROM。如图 10.12 所示是一款 ROM 芯片。

图 10.12 ROM 芯片

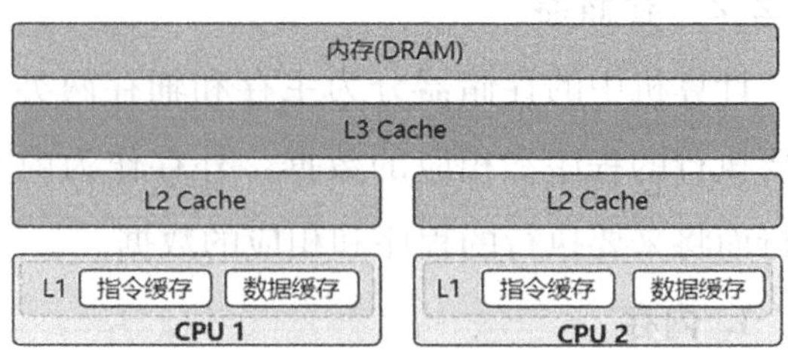

图 10.13 高速缓存

(3) 高速缓存。相对于 CPU 的计算速度，内存中数据的存取速度是很慢的。计算机工作时，很多时间耗费在对内存单元的读写上，影响了 CPU 性能的充分发挥，进而影响了计算机的总体性能。为了解决内存与 CPU 工作速度上的矛盾，设计者在 CPU 和内存之间增设了一级容量不大、但读写速度很快的高速缓冲存储器，简称高速缓存（Cache）。可以将一部分频繁用到的程序指令和数据保存在高速缓存中，当 CPU 访问程序指令和数据时，首先到高速缓存中查找，如果找到就会直接读取并运行，只有找不到所需程序指令和数据时才到内存中读取。因此，采用高速缓存可以有效提高系统的运行速度。高速缓存一般由存取速度比较快的静态随机存取存储器（SRAM）构成。目前，可以把高速缓存设置成一级、二级或三级，一级高速缓存一般集成在 CPU 内部，二、三级高速缓存与 CPU 一起封装在一个芯片内。如图 10.13 所示为高速缓存的逻辑结构。

2. 外存

由于计算机的内存（RAM）具有易失性，必须将数据由内存转存到硬盘之类的外存才能长久保存。目前常用的外存主要有硬盘、固态硬盘和 U 盘等。

(1) 硬盘。硬盘是指硬磁盘。硬盘的盘片是铝、玻璃等硬质材料，其表面涂覆一层均匀磁性材料用于存储信息，若干片涂覆磁性材料的硬盘盘片和相应的读写磁头封装在一起构成硬盘（Hard Disk）。在硬盘的发展过程中，体积越来越小，容量越来越大，并出现了可以通过 USB（通用串行总线）接口热插拔的移动硬盘。目前常用的硬盘主要有 2.5 英寸（6.35 厘米）和 3.5

英寸（8.89 厘米）两种，存储容量在几百个 GB 到几个 TB 之间。如图 10.14 所示为一款硬盘的外观和内部结构。

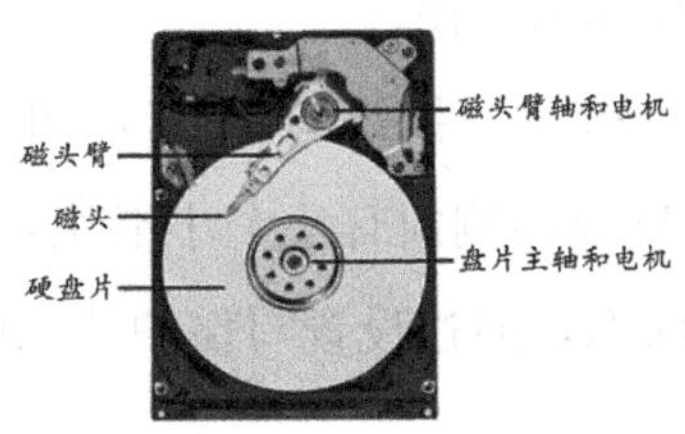

图 10.14　硬盘的外观和内部结构

（2）固态硬盘。固态硬盘（SSD）简称固盘，是用固态电子存储芯片阵列制成的硬盘。基于闪存的固态硬盘是目前的主流产品，其内部主体是一块印刷电路板（PCB），PCB 上最主要的部件是控制芯片、缓存芯片和闪存芯片阵列。控制芯片的主要作用是合理调配数据在各个闪存芯片上的存储及对外接口，缓存芯片辅助控制芯片进行数据处理，闪存芯片阵列用于存储数据。固态硬盘的功能与使用方法与普通硬盘相同。相对于普通硬盘，固态硬盘的优点是读写速度快、防震动抗摔碰性能好、无噪声、更轻便，缺点是价格比较高、擦写次数有限制、硬盘损坏后数据难以恢复。如图 10.15 和 10.16 所示分别为一款 SATA 接口的固态硬盘和一款 M.2 接口的固态硬盘。SATA 接口的固态硬盘与普通硬盘的外形、大小基本相同。

图 10.15　SATA 接口固态硬盘

图 10.16　M.2 接口固态硬盘

(3) U 盘。U 盘是 USB 盘的简称，是一种基于闪存技术的移动存储设备，通过 USB 接口与计算机相连。U 盘具有体积小、存储容量大和价格便宜等优点，是目前最常用的移动存储设备，将 U 盘直接插到 USB 接口上，系统就会自动识别，使用很方便。

如图 10.17 所示为一款普通 U 盘，图 10.18 所示为一款带写保护的 U 盘。带写保护的 U 盘的侧面有一个小滑块，拨动小滑块可以分别设置成写保护状态和可写入状态，通过设置写保护状态可使 U 盘免受计算机病毒的侵扰。

图 10.17　普通 U 盘

图 10.18　带写保护的 U 盘

除中央处理器和存储器外，计算机的基本组成部分还包括输入设备和输出设备。常用的输入设备有键盘、鼠标、扫描仪等，常用的输出设备有显示器、打印机、3D（三维）打印机、绘图仪等。

10.3　计算机的分类

在计算机发展的早期，主要是大型计算机。随着计算机技术的发展和应用领域的拓展，逐渐出现了满足不同需要的多种类型的计算机。目前，常见的计算机类型主要包括超级计算机、大型计算机、服务器、微型计算机和嵌入式计算机等。

10.3.1　超级计算机

超级计算机体积最大、速度最快、功能最强，价格也最高。超级计算特别强调运算能力的提高，主要为国家安全、空间技术、天气预报、石油勘探、生命科学等领域的高强度计算服务。超级计算机的研制能力、生产能力和相应的软件开发水平、应用水平，已成为衡量一个国家经济实力与科技水平的重要标志。

从1993年开始，国际上每年分两次（分别在6月和11月）公布500强（TOP 500）超级计算机排行榜。2010年8月，我国国防科技大学研制的"天河一号"超级计算机（二期）完成，峰值运算速度达到每秒0.47亿亿次。在2010年11月公布的国际500强超级计算机排行榜中，"天河一号"名列第一。之后，日本理化学研究所与富士通公司研制的"京"（K Computer）、美国IBM公司研制的"红杉"（Sequoia）、美国克雷公司研制的"泰坦"（Titan）等超级计算机陆续登上排行榜榜首。2013年5月，国防科技大学研制成功"天河二号"超级计算机，其峰值运算速度达到每秒5.49亿亿次。2016年6月，我国国家并行计算机工程技术研究中心研制成功"神威·太湖之光"超级计算机，如图10.19所示，其峰值运算速度达到每秒12.5亿亿次。在2013年6月至2017年11月公布的世界500强超级计算机排行榜中，"天河二号"和"神威·太湖之光"接续10次名列第一。目前，世界上运算速度最快的计算机是日本理化学研究所和富士通公司于2020年研制成功的名为"富岳"（Fugaku）的超级计算机，如图10.20所示，其峰值运算速度达到每秒53.7亿亿次。

图10.19　"神威·太湖之光"超级计算机

图10.20　"富岳"超级计算机

10.3.2 大型计算机

大型计算机是一类高性能、大容量的通用计算机，具有很强的综合处理能力，有着标准化的体系结构和批量生产能力，在银行、税务、大型企业、大型工程设计和天气预报等领域得到广泛应用。如图 10.21 所示为一台 IBM 公司生产的 zEnterprise 大型计算机。

图 10.21 大型计算机

10.3.3 服务器

服务器是指通过网络为客户端计算机提供各种服务的高性能计算机，服务器的高性能主要体现在高速的运算能力、长时间的可靠运行、强大的外部数据吞吐能力等方面。在银行、电信、网站等大型企业的核心系统中，使用大型计算机做服务器比较多。近几年在更多的中小单位中 PC 服务器得到了广泛使用，如图 10.22 所示为一台 PC 服务器。按功能分类，服务器可分为数据库服务器、域名服务器、文件服务器、邮件服务器、互联网服务器和应用服务器等。

图 10.22 PC 服务器

10.3.4 微型计算机

得到最广泛应用的是微型计算机（也称为个人计算机、PC 机），常用的微型计算机包括台式计算机、笔记本计算机（笔记本电脑）和平板计算机（平板电脑）等。

最早得到广泛使用的微型计算机是 1981 年 IBM 公司推出的 IBM PC（IBM 个人计算机），IBM PC 被美国《时代》（*Time*）杂志评为 1982 年度风云“人物”。如图 10.23 所示就是当时 IBM PC 的样式，这台机器的 CPU 为 Intel 8088，主频为 4.77 MHz，主板上配有 64 KB 内存，可扩展至 640 KB。我国最早的批量生产的微型计算机是长城 0520CH，如图 10.24 所示。

图 10.23　IBM PC

图 10.24　长城 0520CH

10.3.5　嵌入式计算机

嵌入式计算机是以应用为中心，以计算机技术为基础，软硬件可裁剪的，适合应用系统对功能、可靠性、成本、体积、功耗等有严格要求的专用计算机系统。简单说，就是嵌入到其他设备中并控制其工作的计算机系统，具有软件代码小、高度自动化、响应速度快等特点，特别适合于要求实时和多任务的环境。嵌入式系统主要由嵌入式处理器、相关支撑硬件、嵌入式操作系统及应用软件等组成。

超级计算机、大型计算机、服务器、微型计算机、嵌入式计算机都与人工智能密切相关，在不同场景支持着人工智能研发与应用。

例如，1997 年 6 月，战胜国际象棋大师的“深蓝”计算机就是一台超级计算机，当时的运算速度为每秒 113.8 亿次浮点运算。有报道说，AlphaGo 围棋程序所用计算机的运算速度大约是深蓝计算机的 3 万倍，也属于超级计算机。

2020 年 5 月，微软在年度开发者大会 Build 2020 上宣布，已建成一台拥有超过 28.5 万个 CPU 核心、1 万个 GPU 的超级计算机，其性能位居世界前五，这台超级计算机专门用来在 Azure 公有云上训练超大规模的人工智能（AI）模型。

微型计算机是最常用的人工智能应用终端，机器翻译、人脸识别、拍照识花、图片美化、智能导航等都可以用微型计算机（包括智能手机）直接访问网站或安装 APP 后使用。

小到扫地机器人所用计算机，大到火星探测器、自动驾驶汽车、无人驾驶飞机所用计算机，都属于嵌入式计算机。

第 11 章　互联网与大数据

在计算机诞生的早期，人们是面对自己使用的计算机进行一对一的交互使用。如果需要在不同的计算机之间传输数据，往往需要借助一种叫作软盘的早期移动存储设备，很不方便。如果计算机能够连接在一起工作，将能实现不同计算机中数据的自动传输与共享，并能提供单机无法提供的强大功能。在这种思路的驱动下，计算机网络逐渐发展起来。人工智能应用是数据驱动的应用，需要用数据训练机器学习模型，特别是深度学习模型的训练，需要大数据的支持，互联网的应用为采集大数据带来了可能，为人工智能应用创造了数据条件。

11.1　计算机网络

11.1.1　计算机网络的定义

计算机网络是计算机技术与通信技术相结合的产物。计算机网络是指将分布在不同地理位置的、具有独立功能的多台计算机及其外部设备，通过通信线路和通信设备连接起来，在网络操作系统、网络管理软件及网络通信协议的管理和协调下，实现资源共享和信息传输的计算机系统。简单说，计算机网络就是自主计算机的互连集合。从概念上说，计算机网络由通信子网和资源子网两部分构成。资源子网由互连的计算机或提供共享资源的设备组成，提供可共享的硬件、软件和数据资源。通信子网由通信线路和通信设备组成，负责计算机间的数据传输。

根据覆盖范围的不同，目前常用的计算机网络主要有个人区域网、局域网、广域网等。

个人区域网（Personal Area Network，PAN），PAN一般用来描述范围在10米以内，使用个人数字设备或消费电子产品通过无线方式进行连接的网络。例如，个人区域网可以用来将手机中的照片经由无线方式发送到一台无线打印机进行照片的打印输出。蓝牙技术（Bluetooth）是目前流行的个人区域网技术。

局域网（Local Area Network，LAN）是一种广泛使用的数据通信和资源共享网络，用来连接有限范围内的个人计算机等设备。局域网常常同时使用有线和无线技术进行连接。例如，学校计算机实验室的网络一般为局域网。局域网的特点是数据传输速度高、误码率低、时间延迟小。局域网的研究始于20世纪70年代，包括以太网、令牌环网、FDDI网、无线局域网（Wi-Fi）等多种类型。在实际生活和工作中，有线以太网和无线局域网的组合已成为目前最常用的组网形式。

广域网（Wide Area Network，WAN）可以覆盖很大的地理区域，其范围可以跨省、跨地区、跨国。广域网通常由大量的不同类型的小型局域网组成。我们熟悉的互联网就是一种得到广泛应用的广域网。

11.1.2 计算机网络的拓扑结构

计算机网络中的设备通过有线或无线方式，经由通信设备与通信线路连接在一起。计算机网络拓扑结构用来描述构成网络的成员（计算机及相关设备）之间特定的排列方式。目前常用的网络结构主要有星形、树形、网状等拓扑结构。

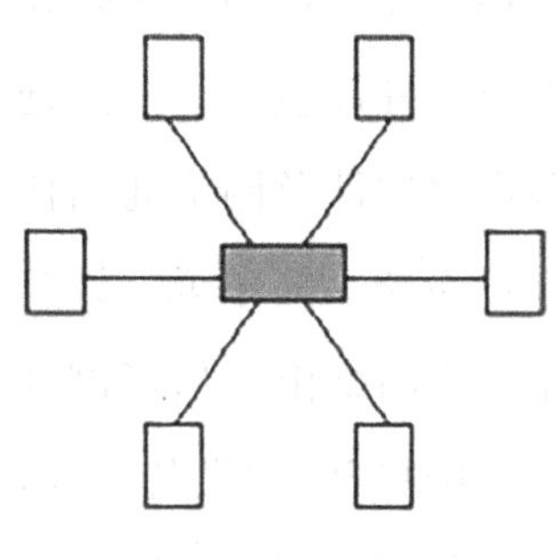

图11.1 星形结构

1. 星形结构

星形结构中的所有设备都与中心结点相连，如图11.1所示。中心结点提供数据交换功能，中心结点一般是一台交换机，其作用是在各结点之间传输数据。

星形结构的优点是：易于管理和维护，安全性高，其中的一个非中心结点发生故障，不会影响网络的运行。缺点也很明显：整个网络对中心结点的依赖性很高，中心结点一旦发生故障，整个网络就会瘫痪。

2. 树形结构

树形结构的网络是从星形结构演变过来的，如图 11.2 所示，各结点按一定的层次连接起来，其形状像一棵倒置的树，顶端是一个带分支的根结点，每个分支还可延伸出子分支。

树形结构的优点是：易于扩充网络结点和分支；某一分支的结点或线路发生故障，很容易将其从整个网络中隔离出来，可靠性高。缺点是：和星形结构类似，整个网络对根结点的依赖性大，一旦根结点出现故障，将导致全网不能正常工作。

3. 网状结构

网状结构中的结点通过若干条路径与其他结点相连，数据从一个结点传输到另一个结点往往有多条路径可以选择，如图 11.3 所示。更多用于网络之间的互联。

这种冗余的数据传输路线，使得网状结构非常可靠，即使其中的部分数据链路发生了故障，数据仍然可以通过其他的路线传输到它的目的结点。互联网最初的互连规划就是建立在网状结构之上的。

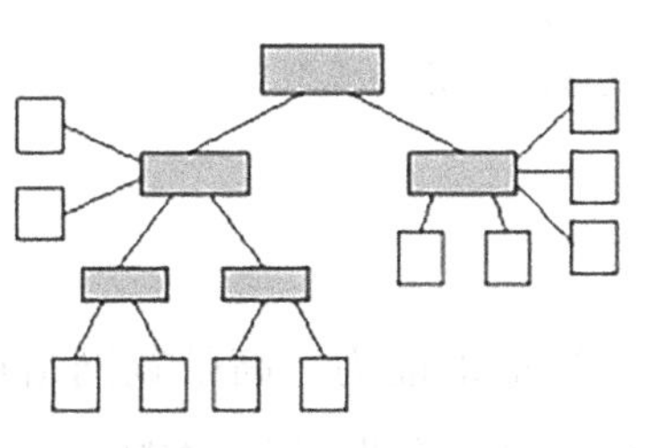

图 11.2　树形结构

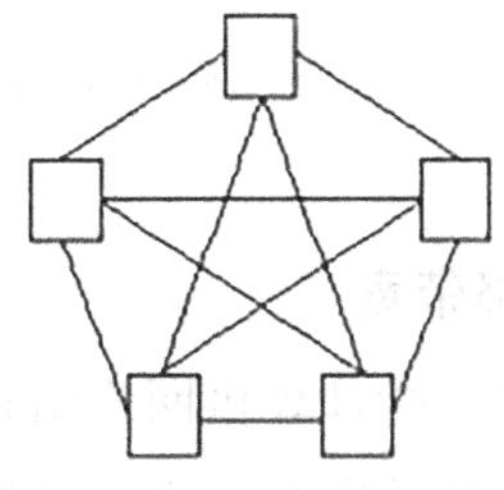

图 11.3　网状结构

11.1.3 网络通信协议

计算机网络的通信协议，是为了保证数据从网络中的一个结点正确、高效地传输到另外一个结点的一组规则的集合。计算机网络通信协议中最重要、最有影响力的协议就是TCP/IP协议，它是互联网数据通信公认的标准协议，同时也已成为局域网通信协议的标准。

数据在网络中如何传输，香农在1949年发表的论文《噪声下的通信》回答了这个问题，文中描述了一种适用于各种网络数据传输的通信系统模型，如图11.4所示。在香农的模型中，数据源（一台个人计算机）产生的数据被编码，作为信号经由通信信道传输至它的目的地（其他计算机、服务器或网络打印机等），当数据传输到目的地后，其被解码还原。信号在传输过程中，可能会被一些不可预测的冲突（也称之为“噪声”）所干扰或打断，导致到达目的地后的信号发生了错误而无法还原成原始数据。计算机网络使用协议对数据进行编码和解码，引导数据向目的地传输，并消减传输中受到的“噪声”干扰。网络通信协议的任务是负责完成网络中数据的有效传输。

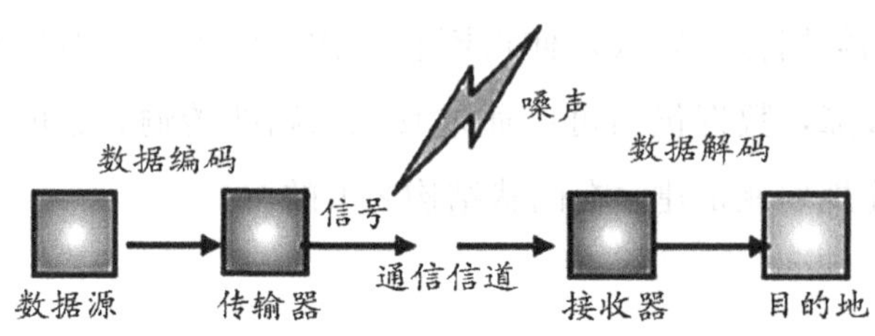

图11.4 香农的数据通信系统模型

11.1.4 网络带宽

网络带宽是指计算机网络信道传输数据的能力。高带宽网络可以比低带宽网络更快地传输数据。这就好像6车道高速公路的运输能力要远高于2车道的运输能力。现今数字数据传输信道的带宽通常用比特每秒（bits per second，bps）来度量。例如，国内城市家庭的互联网光纤的接入带宽可以达到1000 Mbps。高带宽的网络往往被称为宽带网络，而低带宽网络被称为窄带网络，宽带和窄带并没有绝对的数字衡量，其一般取决于与主流网络带宽的对比。

11.2 组网技术

11.2.1 组网设备

目前，常用的组网设备有网络适配器、光网络单元、交换机和路由器等。

1. 网络适配器

网络适配器（Network Adapter）通常称为网卡，其作用是把计算机与双绞线等传输介质相连，进而连入网络。网卡分为有线网卡和无线网卡两类，有线网卡可以插入计算机的扩展槽（目前一般为 PCI-E 插槽）或 USB 口，在有线网卡上一般会提供一个双绞线水晶头接口，可通过双绞线把计算机连入网络。也可以通过无线方式把计算机连入网络，此时需要无线网卡。笔记本计算机、平板计算机一般内置有无线网卡，可以直接以无线方式连接网络。对于没有内置无线网卡的台式机，可以通过插接 USB 接口或 PCI-E 接口的无线网卡，然后以无线方式接入网络。

2. 光网络单元

随着技术的进步与成本的降低，带宽大、传输速度快的光纤已成为主干网络的主要传输介质。计算机中存储、处理的是数字信息，光纤中传输的是光信号。用光纤在计算机之间传输数字信息，需要把发送端的数字信息转换为光信号在光纤中传输，也需要在接收端把光信号再转换为数字信息。把数字信息与光信号相互转换的设备称为光网络单元（Optical Network Unit，ONU），也称为光纤接入用户端设备，俗称光猫。

3. 交换机

交换机（Switch）是一种扩大网络连接规模的设备，通过提供更多的网络接口把更多的计算机设备接入网络。交换机在同一时刻可进行多个端口之间的数据传输，而且每个端口均可达到交换机的端口最大带宽。交换机从家用级别到企业级别有多个档次，可以用于组成小型局域网络，也可用于连接多个子网构成大型局域网络。

4. 路由器

路由器（Router）用来连接两个或多个网络，能够实现不同类型网络的互联。数据在网络上传输时，路由器负责路径选择，找到一条较优的路径。

交换机的主要作用是在局域网中实现高效的数据传输与交换，其功能一般直接由硬件实现。路由器主要用于实现数据在网络设备之间传输时的路径选择，特别是设备在不同类型的网络中时，其核心功能一般由软件实现。随着技术的发展，在某些网络应用中，路由器和交换机可以互换使用，实现相同的功能。

近几年，一种无线路由器在家庭、学生宿舍等场合得到广泛应用，这种无线路由器同时具有路由器、交换机和无线接入点的功能，能以无线、有线两种方式接入上网设备。

11.2.2 有线网络

有线网络利用线缆连接网络设备，这是一种网速较高、组网成本较低的组网模式。以太网（Ethernet）是目前应用最普遍的局域网技术。对于有线网络，要求接入网络的设备具有网络适配器。网络适配器可以独立网卡的形式存在，也可以集成在计算机主板上。

目前，多数个人计算机和局域网设备都具备使用千兆以太网的能力。

千兆及以下以太网一般选用双绞线线缆作为网络连接线。双绞线由螺旋状相互绞合在一起的两根绝缘铜线组成，线对绞合在一起可以减少相互之间的电磁辐射干扰，提高传输质量，是一种应用广泛、价格低廉的网络线缆。在实际应用中，一般将多对双绞线封装于绝缘套里做成双绞线线缆，称为非屏蔽双绞线。如果绝缘套中还有一个屏蔽层的话，称为屏蔽双绞线。屏蔽双绞线性能更好，但价格相对较高，安装也比非屏蔽双绞线困难。目前，双绞线广泛地应用于局域网中，通常使用的是由 4 对双绞线组成的非屏蔽双绞线，其传输距离不超过 100 米。为了达到较理想的传输速度，一般要使用一种叫五类或六类的双绞线。双绞线的两端是塑料制成的 RJ45 接头（水晶头），便于双绞线和设备之间的连接。

对于跨越距离大或传输速度要求高（千兆及以上）的以太网，常使用光纤作为传输介质。我们平常所说的光纤其实是指光纤线缆（在不引起歧义的情况下，光纤和光纤线缆常常混用），光纤线缆是一束束极细的玻璃纤维的组合体。每一根玻璃纤维都称为一条光纤，它比人们的头发丝还要细很多。由于玻璃纤维极其脆弱，因此光纤外有结实的外罩包裹，最后用一个极有韧性的外壳将若干光纤封装，就成了我们看到的光纤线缆。光纤不同于双绞线将数据转换为电信号传输，而是将数据转换为光信号在内部传输，从而拥有了强大的数据传输能力和抗干扰能力。

11.2.3　无线网络

使用无线网络技术可以在不同设备之间通信和传输数据而不经由线缆等有线介质。有时会看到“无线连接”的说法，但无线网络中的设备间并不存在物理上的连接，它们之间的连接是逻辑上的。

无线网络的最大优点在于其可移动性，没有了线缆的束缚，设备可以在信号覆盖范围内自由移动。笔记本计算机、平板计算机、智能手机可以灵活方便地在移动状态下上网就是受益于无线网络。

无线网络的规模各异，从个人区域网、局域网到互联网，都可以使用无线网络技术。对于普通用户而言，使用最多的无线网络技术是无线局域网和蓝牙。

1. 无线局域网

无线局域网，简称 WLAN，是由 IEEE 802.11 标准定义的一组无线网络技术。根据使用的标准细节不同，WLAN 设备可以工作在 2.4 GHz 频率段或 5.0 GHz 频率段，使用无线电波传输数据。WLAN 和以太网兼容，可以在一个网络中同时使用这两种技术。

在有线网络中，网络的理论速度和网线的理论最大长度与实际使用情况是比较接近的。但无线网络的速度和覆盖范围与理论值存在较大差距，主要原因是无线信号非常容易受到干扰而衰减。在一般工作场合或家庭环境中，WLAN 的实际覆盖距离可达几十米，但水泥墙、钢梁或其他障碍物都会明显地减少 WLAN 的覆盖距离。

如需提高 WLAN 的覆盖范围和传输速度，只能采用有线网络技术与无线网络技术结合的方式布网，把有线网络接入每一个房间，并在每个房间安装无线热点设备。

对于想使用无线局域网功能的设备，应该具有 WLAN 适配器（也称作无线网卡）。智能手机、平板计算机、笔记本计算机等设备一般都已内置了 WLAN 模块，对于没有 WLAN 模块的台式机，可以通过在主机 USB 接口接入 USB 无线网卡的方式使用 WLAN 网络。

2. 蓝牙技术

蓝牙（Bluetooth）是一种短距离无线技术，用于在两个设备间建立连接，以形成个人区域网。蓝牙技术主要用于将鼠标、键盘、音箱、耳机、游戏控制器等设备以无线的方式连接在计算机主机、游戏主机或音乐播放器等设备之上，从而脱离线缆的束缚。除此之外，现在市场流行的智能穿戴设备，如智能手环、智能手表等，一般也都采用蓝牙方式和智能手机相连，同步用户的运动、心率等数据。

蓝牙设备工作在 2.4 GHz 频率，会通过配对的方式与其他设备连接。一般情况下，具有蓝牙功能的设备开启蓝牙功能后，被设置为“发现模式”，这样就可以与其他同样开启“发现模式”的设备进行配对设置了。两个设备成功配对后，就建立了无线连接，可以进行数据的共享和传输。并且，对于配对成功的两个设备，下次两者在通信范围内时，只要双方都已开启了蓝牙功能，将会自动直接建立连接。

蓝牙技术的峰值传输速度可达 24 Mbps，设备距离一般不超过 10 米。这是一种近距离、速度较慢的无线技术，适合近距离发送少量数据，不适用于大量数据的传送。

11.3　互联网技术

互联网是最成功、最典型的计算机网络应用实例，浏览新闻、网上购物、收发电子邮件、在线聊天、在线观看视频等已经成为许多人日常生活的一部分。互联网是一个全球性的巨大的计算机网络体系，把全球数以万计的计算机网络、数以亿计的计算机设备连接起来，包含了海量的信息资源，向全世界用户提供信息服务。

11.3.1　互联网的起源

互联网（Internet）是目前全球最大的、开放式的、由众多网络互联而成的计算机网络，也称国际互联网或因特网。互联网是在ARPANET的基础上发展起来的。1969年，在美国国防部高级研究计划署（ARPA）的资助下建立了ARPANET（阿帕网），这个网络最初只有4个结点，分别是加利福尼亚大学的洛杉矶分校、圣芭芭拉分校和斯坦福大学以及位于盐湖城的犹他大学。

1972年，在首届国际计算机通信会议上首次公开展示了ARPANET的远程分组交换技术，ARPANET成为现代计算机网络诞生的标志。1983年，ARPANET分裂为两部分，一部分是专用于国防的MilNET，另一部分仍称为ARPANET。也是在这一年，ARPA把TCP/IP协议作为ARPANET的标准协议正式启用，这是ARPANET对计算机网络技术上做出的又一重大贡献。

1986年，美国国家科学基金会（NSF）利用ARPANET中使用的TCP/IP协议，将分布在美国各地的5个为科研教育服务的超级计算机中心互连，形成了NSFNET。NSFNET由3个层次组成：主干网、各个区域网和众多的校园网。由于美国国家科学基金会的鼓励和资助，很多大学和研究机构纷纷把自己的局域网接入NSFNET中，NSFNET逐步取代ARPANET成为互联网的主干网。与此同时，很多国家相继建立了自己的主干网，并接入互联网，成为互联网的组成部分。几年以后，由于网络通信量的急剧增长，需要对NSFNET进行进一步的升级改造，这个工作由高级网络服务公司（ANS）完成，ANS 由美国的 IBM、MCI 和 Merit 3 家公司在 1990 年联合组建。

互联网最初目的是为了支持教育和科研工作的开展，不以营利为目的。但是，随着互联网规模的不断扩大、应用服务的不断发展以及全球化需求的不断增长，商业组织开始介入互联网领域，并使互联网走向商业化。而商业化促进了互联网的更快发展和更广泛的普及。

1987 年 9 月 14 日，在北京计算机应用技术研究所发出了中国第一封电子邮件：Across the Great Wall we can reach every corner in the world.（越过长城，走向世界），揭开了中国人使用互联网的序幕。

1994 年 4 月 20 日，中国国家计算机与网络设施（NCFC）工程连入互联网的 64K 国际专线开通，实现了与互联网的全功能连接。从此中国被国际上正式确认为真正拥有全功能互联网的国家。当时的 NCFC 工程包括中国科学院网、清华大学校园网和北京大学校园网等。

目前，我国接入互联网的网络主要有：

中国电信网、中国移动网、中国联通网、中国广电网，面向商业用户和一般个人用户。

中国科技网 CSTNET，面向科研机构用户。

中国教育科研网 CERNET，面向教育和科研单位用户，各高等学校的校园网一般连接在这个网上。

截至 2021 年 1 月，全球网民规模达到 46.6 亿，全球互联网普及率为 59.5%。截至 2021 年 6 月，中国网民规模达到 10.11 亿，互联网普及率为 71.6%。

11.3.2 接入互联网

目前使用较多的互联网接入技术有 PON 接入技术和 4G、5G 移动通信接入技术。

1. PON 接入技术

PON（Passive Optical Network，无源光纤网络）接入技术以光纤作为网络传输介质，接入设备主要包括局端的 OLT（光线路终端）、分光器和用户端的 ONU（光网络单元，俗称光猫）。如图 11.5 所示，它是一种单点到多点的网络（通过分光器可实现多至 1 分 128 点），下行（从局端的 OLT 到用户端的 ONU）采用广播方式，上行（从用户端的 ONU 到局端的 OLT）采用时分多址方式，具有网络带宽高、用户承载能力强、建设成本低、建网速度快等特点，因此是十几年来，有线网络的最主要接入方式。PON 又分为 EPON、GPON、10GEPON、XGPON 等类型，目前已经普及的 GPON 可支持最高下行 2.5 Gbps、上行 1.25 Gbps 的接入带宽，未来将升级到支持 10 Gbps 带宽的 10GEPON、XGPON 接入技术。

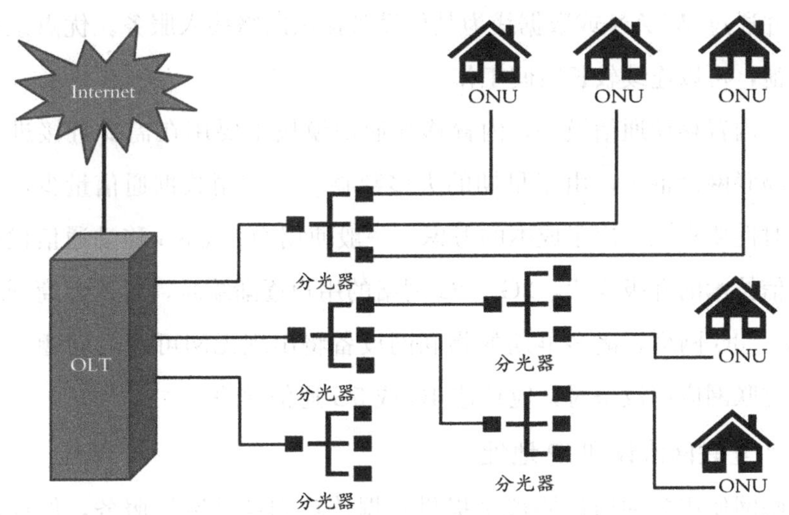

图 11.5　PON 接入方式

光纤的连接包括冷接和熔接两种方式。冷接方式对工具要求较低，但存在光信号衰减大、寿命短、接头不牢固等缺点，目前更多使用熔接方式。熔接使用光纤熔接机，可以自动实现光纤线芯对准、切面检查、高温熔化连接光纤线芯等一系列操作。

2. 移动通信接入技术

移动通信接入技术是一种无线接入技术，解决了有线接入技术的场所和布线条件的限制，在全球任何有蜂窝移动通信网络覆盖的地方都可以接入互联网，满足移动办公、生活、学习、娱乐等全方位需求，并在银行、商铺、快递、外卖等的 POS 机，自动售货机，共享单车、公交车、出租车，报警器、定位器、追踪器等物联网应用中广泛使用。

接入设备包括以下几类：

（1）智能手机。智能手机除自己连接移动通信网络外，还可以通过无线热点、蓝牙、数据线等方式为其他的手机、平板计算机、计算机等设备共享网络。

（2）无线 CPE。无线 CPE（客户前置设备）俗称随身行 Wi-Fi 或无线宝，和智能手机的网络共享功能类似，插入手机 SIM 卡，接入 4G 或 5G 移动通信网络，并通过 WLAN 或数据线为其他设备提供网络接入服务。优点是自带大容量电池，可以连续较长时间工作。

（3）内置移动通信模块。内置移动通信模块主要用在需要直接进行网络通信的物联网设备中，由于早期的大多数物联网应用数据通信量少，传输速度和实时性要求低，出于成本的考虑，一般使用 2G 或 3G 移动通信模块，但随着通信技术的升级换代，2G、3G 网络的用户逐渐缩减，各运营商开始有序关闭 2G、3G 网络，诸多早期的物联网设备将出现无网可用的问题，因此开发新的物联网应用设备时，应首选 4G 或 5G 通信模块。

11.3.3 互联网协议和 IP 地址

互联网使用多种通信协议来提供数据传输和各种网络服务，例如，支持 Web 信息交互的 HTTP 协议（Hyper Text Transfer Protocol，超文本传输协议），支持 E-mail 服务的 POP 协议（Post Office Protocol，邮局协议）和 SMTP 协议（Simple Mail Transfer Protocol，简单邮件传输协议），用于保证通信和连接可靠性的 TCP 协议（Transmission Control Protocol，传输控制协议），为网络设备分配唯一地址的 IP 协议（Internet Protocol，互联网协议）等。在这些网络协议中，TCP/IP 协议组是互联网中极其重要的一组协议。

1. TCP/IP 协议组

TCP/IP 是一组协议的集合，故通常称为 TCP/IP 协议组（简称 TCP/IP

协议)。TCP/IP是互联网最基本的协议，是互联网工作的基础。TCP能够将需要经由网络传输的信息或数据分割成IP数据包，或者将收集到的经网络传输来需要处理的IP数据包校验并按序组合，交由具体的应用使用。IP负责给各类数据包加上地址以便它们能够在互联网中顺利地路由到其目的地。

2. IP地址

IP地址起源于互联网，是TCP/IP协议的一部分，IP地址是用来识别网络设备的一串数字。IP地址最初设计是用于互联网的。事实上，现在几乎每种计算机网络都在使用TCP/IP协议给设备设置IP地址，组成网络。不论在互联网中还是局域网中，IP地址都被用来唯一确定计算机的身份。

ICANN（互联网名称与数字地址分配机构）是一个位于美国加利福尼亚州的非营利社团。ICANN的主要任务之一就是处理全球IP地址的总体分配事项，其下属的IANA（互联网号码分配局）将互联网按地址范围分为5大区域并负责这5大区域IP地址的均衡管理和分配。具体的IP地址分配等职责则由美洲互联网号码注册管理机构、亚太网络信息中心等5个区域互联网注册管理机构负责。

IP地址可以分配给个人计算机、服务器、手机、网络打印机等各种网络设备。目前，互联网IP地址主要使用的是IPv4版本，由32个二进制位组成，最多可以提供42亿个地址。为了方便人们设置和记忆，IP地址一般用“点分十进制”标记。将32位二进制数字等分为4段，每段8位，转换为十进制数字表示，4个十进制数字之间用圆点“.”分隔。例如，某个IP地址为11001010 11001110 00000001 00001111，用十进制格式表示为202.206.1.15。

一方面，互联网发展迅速，大量的网络设备需要使用IP地址。另一方面，一些IP地址是为特殊用途所保留的，这导致逐渐进入无IPv4地址资源可用的状态。2011年2月3日，在最后5个地址块被分配给5大区域互联网注册管理机构后，IANA的IP地址池空了。这促使新版本IPv6地址的应用快速跟进。

相对于IPv4地址，IPv6地址最大的特点是地址长度达到了128个二进制位，可以提供2^{128}个地址，约为3.4×10^{38}个，可以有效解决IPv4地址资源严重不足的问题。IPv6地址长度达到128个二进制位，可以给每台上网设备提供一个全球唯一的 IP 地址，但由于地址过长，需采用冒号分隔的 8 组 4 位十六进制数形式书写，例如：

2408:821A:5340:B510:3DF1:B537:F631:8B8D

IPv6 是 IP 地址的发展趋势，但由于涉及互联网底层设备的更换、IPv4 地址到 IPv6 地址如何无缝过渡等多种因素，IPv6 地址的使用仍然处于逐步推进过程中。截至 2019 年底，我国三大网络运营商已基本完成局端设备和软件升级，用户在通过家庭宽带或手机上网时，已经可以获得 IPv6 地址，主流网站和 APP 也已提供 IPv6 的访问方式。

一般用户给自己的网络设备设置 IP 地址时有两种方法。一种是根据网络系统管理员分配给你的 IP 地址直接设置，如一些学校的计算机实验室，系统管理员会给每台计算机或网络设备指定 IP 地址；另一种是网络设备通过动态主机配置协议（DHCP）自动获取 IP 地址，如笔记本计算机和手机通过 Wi-Fi 连接到家庭路由器时就是自动获得 IP 地址。为了能够使得网络设备自动获得 IP 地址，网络中需要有承担自动分配 IP 地址的 DHCP 服务器或有 DHCP 服务功能的路由器类设备；接入网络的设备应该设置为 DHCP 模式，向 DHCP 服务器发送请求获得 IP 地址。

3. 域名系统

访问网络中的计算机要用到 IP 地址，但是无论是 IPv4 还是 IPv6，都难以记忆。如果能用具有一定含义的字符串来表示主机地址，记忆起来就容易多了。例如，记忆 www.hbu.edu.cn 要比 202.206.1.16 容易得多。为此，互联网提供了一种域名系统（Domain Name System，DNS）为网络中的计算机分配由点号分隔的多个部分组成的域名（也常常称作网址），如 www.sina.com、www.cctv.com、www.hbu.edu.cn 等。在表示域名时，以一个标识其顶级域名的代码作为结尾。例如，www.hbu.edu.cn 中的 cn 是中国的顶级域名。除了 cn、uk、jp 等国家代码顶级域名外，com 顶级域名通常用于商业机构、gov 用于政府机构、org 用于专业和非营利机构、net 用于网络机构、edu 用于教育机构。

每个在用的域名都对应 IP 地址，这种对应关系被存入到 DNS（域名系统）的庞大数据库中。用于存放这种数据库并负责解析域名和 IP 地址对应关系的计算机叫作域名服务器。用户使用计算机访问一个域名网址时，计算机首先做的就是获取该网址对应的 IP 地址，然后才能进行后续工作。

在不同的网络协议支持下，互联网可以给不同需求的人群提供多种服务和应用。目前，即时通信、网络新闻、搜索引擎、网络视频、网络音乐、网络支付、网络购物、网络游戏、在线教育等是人们使用和关注比较多的网络服务和应用。

11.4　互联网的新发展

11.4.1　云计算

近几年有非常多的与云计算相关的讨论，而云计算的概念和范围还在不断发展中。云计算的理念在于用户可以利用自己的智能手机或其他网络设备访问基于互联网的服务器（非自己的本地设备）提供的应用程序、存储空间和其他计算资源。

在这种宽泛的定义下，云计算涵盖了大多数互联网上的活动，如 Web 邮件、搜索引擎、图片共享等。云计算是一种基于互联网的计算方式，通过这种方式，共享的软硬件资源和信息可以按需求提供给不同类型的计算机及其他设备。

云计算依靠大量可靠的服务器、存储设备以及相关网络协议构成的网络，提供各种可从互联网访问的计算服务，包括消费级的媒体共享、办公应用（如在线办公软件）、复杂的企业数据处理等。而这些资源是由像亚马逊公司、苹果公司、微软公司、百度公司、阿里巴巴公司等互联网服务公司提供的。

11.4.2　物联网

物联网（Internet of Things，IoT）是以互联网、传统电信网络为载体，让所有能行使独立功能的普通物体实现互联互通的网络。物联网通过射频识别、红外感应器、全球定位系统、激光扫描器等信息传感设备，按约定的协议，把物品与互联网连接起来，进行信息交换和通信，以实现智能化识别、定位、跟踪、监控和管理，简单说就是物物相连的互联网。物联网的核心和基础仍然是互联网，是在互联网基础上的延伸和扩展。例如，高速公路 ETC 不停车电子收费系统，就是一种典型的物联网应用。通过安装在车辆前挡风玻璃上的车载电子标签与收费站 ETC 车道上的微波天线之间的微波专用短程通信，结合传统计算机网络技术与后台电子银行结算功能，实现车辆通过高速路收费站时，无须停车便可对车辆的高速路桥通行费进行计费并结算。

我国在 2010 年把包含物联网在内的新一代信息技术正式列入国家重点培育和发展的战略性新兴产业之一，2011 年公布的《物联网“十二五”发展规划》明确指出物联网发展的 9 大领域，2013 年国家发展和改革委员会等多部委联合印发的《物联网发展专项行动计划（2013—2015 年）》包含了 10 个专项行动计划，2016 年工业与信息化部公布的《信息通信行业发展规划物联网分册（2016—2020 年）》把智能制造、智慧农业、智慧医疗与健康养老、智慧节能环保等列入重点领域应用示范工程。

物联网的发展需要有云计算、大数据和人工智能的支持。物联网感知的物理世界的信息通过互联网传输到云端存储，海量的感知数据处理要用到大数据分析挖掘技术和人工智能技术。同时，感知到海量的数据并进行挖掘分析，是实现智能的重要基础。

11.5 互联网与大数据采集

深度学习模型的训练有赖于大数据集的支持，通过足够多的样本的训练，才能得到高质量的神经网络模型，互联网应用为数据的大量且快速采集提供了可能。

11.5.1 ImageNet 数据集

ImageNet 是一个用于物体对象识别检索的大型视觉数据库。截至 2009 年，ImageNet 已经对超过 1400 万幅图片进行了人工标注，分属 2.2 万个不同类别，在至少 100 万张图片中还提供了边界框。自 2010 年以来，ImageNet

举办了一年一度的图片分类竞赛，称为 ImageNet 大规模视觉识别挑战赛（ImageNet Large Scale Visual Recognition Challenge，ILSVRC）。主要形式是通过算法（程序）实现正确分类和探测识别物体与场景。

ImageNet 数据可谓是大数据，很好地支持了计算机视觉领域深度学习算法的研究和应用。ImageNet 数据的采集和标注都是借助互联网完成的，图片是从互联网上搜索来的，标注是用亚马逊（Amazon）的众包平台 Mechanical Turk 完成的，通过众包平台把标注任务分发给全球范围内的参与者。当然，为了保证图片标注的质量，采用了多种标注评价方法，通过评价的标注才选用。最终，来自全球 167 个国家和地区的近 5 万名参与者以众包的方式，通过 3 年的合作努力，标注图片超过 1400 万幅，使 ImageNet 成为 AI 历史上有标志性意义的数据集。

11.5.2　农夫山泉用海量照片提升销量

农夫山泉作为国内知名的饮用水生产企业，在 2004 至 2007 年间曾遭遇增长瓶颈，销售额一直维持在 20 亿元人民币左右，但从 2008 年开始，凭借“数据驱动决策”成功实现每年 30%～56%的增长速度。到 2015 年，年销售额已经达到 150 亿元人民币。

农夫山泉拥有 7 个生产基地、数十家工厂，150 万家销售门店以及一万多名业务员，在生产、销售、调度、物流、营销等各个方面，时刻都产生着大量的数据。以业务员为例，每名业务员每天都要拿着移动终端拜访 15 个销售门店，每家门店拍摄 10 张照片，连同销售数据一起上传到服务器。服务器汇总的海量数据能够用于进行商品的相关性分析。可以分析出包装、价格等商品因素以及性别、年龄等消费者因素对销售的影响。

农夫山泉采用的海量信息实时分析系统使总部能够实时了解到不同地区、不同门店农夫山泉和竞争对手的销售情况，并能做出预测，及时做出生产、运输、销售等环节的策略调整，以期不断拓展市场。

如果没有互联网和计算机技术的支持，很难做到信息的及时上传与实时分析。

第 12 章　算法

对于人工智能应用，我们看到或体验到的，有以设备形式出现的无人驾驶飞机、快递自动分拣机器人、车站的自动检票闸机等，还有以软件形式出现的拍照识花、机器翻译、图片美颜等手机 APP 应用。APP 是英文单词 application 的缩写，是应用软件或应用程序的含义。实际上，人工智能应用一般是一个综合系统，既包括计算机硬件，也包括计算机软件，有时还包括计算机软硬件所控制的设备。对于无人驾驶飞机来说，有飞机这样一个设备，有嵌入其中的计算机，在计算机上安装有智能软件，组合起来才是一架智能的无人驾驶飞机。手机上的 APP 是依托智能手机才能运行的，这时的手机就是一台计算机。

人工智能应用在给我们带来便利的同时，也随之带来一些副作用，比如，近两年媒体经常报道的算法歧视、算法杀熟、算法垄断等。那么什么是算法？什么是软件？什么是程序？三者之间是什么关系？三者和人工智能有什么关系？

12.1　软件与程序

12.1.1　软件与程序的定义

软件（Software）一词源于程序，在计算机发展初期，只有“程序”这个概念。程序是完成一定功能的指令或语句的集合，也称为指令代码的集合。指令或语句是让计算机完成某项基本功能的命令，如加法、乘法、输出、转移、重复等。这样的命令在机器语言和汇编语言中称为指令，在高级语言中称为语句。到 20 世纪 60 年代初，随着计算机硬件技术的发展和计算机应用的深入，需要计算机解决的问题越来越复杂，编写的程序规模越来越大，传统的强调依靠个人编程技巧的编程方式越来越难以保证较大规模程序的质量，就像只盖过平房的包工队很难高质量完成十几层高楼的施工任务。为解决这个问题，人们开始重视程序编写的过程化管理，在编写程序的同时，把编写程序过程中的需求分析、系统设计、系统测试等文档资料也规范化并保存下来。软件就是程序及其相关的文档，即软件＝程序＋文档。有了这些规范化的文档资料，当程序出现错误后，编写者能够较快地发现和改正这些错误，从而在一定程度上保证了程序的质量。

对于计算机软件开发人员（昵称“码农”）来说，在进行较大规模的软件开发时，区分软件和程序的不同含义是必要的。既要重视程序代码的编写，也要重视开发文档的撰写和归档。这对于提高软件开发的效率、保证软件的质量是非常重要的，对于软件投入使用后出现问题时的及时维护也很重要。对于普通用户来说，看重的是软件（程序）的功能与安装使用的方便性，软件和程序两个概念可以等同使用，所以本书的内容介绍对软件和程序不加区分，只是根据多数文献的习惯有时用软件，有时用程序。

12.1.2　软件的作用

随着计算机硬件性能的日益提高和软件技术的不断创新，计算机应用的深度和广度不断拓展。从火星探测器、宇宙飞船的发射飞行到网络购物，从刷脸支付到拍照识花，从高考查分、填报志愿到同学聊天，都离不开计算机的支持，智能手机也是计算机。可以说，现在的计算机几乎已经应用到了人类生活的各个领域，而且人工智能应用场景越来越多。

包括人工智能应用在内的计算机应用是计算机软硬件的综合应用。一个完整的计算机应用系统包括硬件和软件两大部分。硬件是计算机工作的物质基础；软件是计算机的灵魂，控制和操作计算机硬件各部分协调一致工作。

计算机的广泛深入应用给我们的工作、学习和生活带来了极大的方便，提高了效率，降低了成本，节省了时间，但软件故障、软件错误也会带来重大损失。

1967 年苏联“联盟一号”载人宇宙飞船在返航时，由于软件忽略了一个小数点，在进入大气层时因打不开降落伞而急速坠地烧毁，宇航员不幸遇难。

1991 年海湾战争中，一个软件故障扰乱了“爱国者”导弹雷达跟踪系统，使导弹发射后不仅未能迎击对方的“飞毛腿”导弹，反而轰炸了自己的军营，造成 28 名士兵丧生，98 人受伤。

1996 年欧洲航天局发射的阿丽亚娜 5 型火箭，在发射 40 秒后爆炸，发射场上 2 名士兵当场死亡。这个耗资 10 亿美元、历时 9 年的航天计划严重受挫，引起国际宇航界的震惊。事故发生后，专家组的调查分析报告指明，爆炸的根本原因在于惯性导航系统软件中技术要求和设计的错误。

2018 年 3 月 9 日晚，在美国亚利桑那州一条普通的公路上，一辆 SUV 与一名骑自行车的妇女相撞并导致被撞人死亡。引起人们关注的是这辆撞人的 SUV 事发时处于无人驾驶状态，而该无人驾驶系统由 Uber 开发。这是全球首例无人驾驶汽车撞人致死的交通事故。调查结果认定事故的主因是车内司机（即安全驾驶人）在事故发生前的几分钟内都在聚精会神地观看手机上的节目。过分的关注手机导致司机在行人出现时无法及时反应并做出规避动作，最终导致事故发生。Uber 也要承担一定的责任，需要进一步改进无人驾驶系统。换句话来说，无人驾驶系统也存在一定的缺陷。

2018 年 10 月 29 日，印尼狮航 JT610 航班在从雅加达起飞 13 分钟后，坠毁在爪哇海域，机上 189 人全部遇难。时隔不到半年，2019 年 3 月 10 日，载有 157 人的埃塞俄比亚航空 ET302 航班，从亚的斯亚贝巴起飞 6 分钟后坠毁，机上 157 人全部遇难。两起空难事故的执飞机型都是波音 737 MAX 8，波音 737 MAX 随后在全球范围内停飞。2019 年 10 月 25 日，印尼国家运输安全委员会（KNKT）发布了关于 2018 年狮航波音 737 MAX 坠机事故的最终报告，报告认为 9 大因素共同酿成了空难，机动特性增强系统（MCAS）的设计缺陷是飞机失事的原因之一。MCAS 是一款应用于 737 MAX 飞机的飞行控制软件。

以上事例说明两个问题：一是计算机系统（包括硬件和软件）在人类活动中发挥着越来越重要的作用；二是软件的错误与漏洞会导致重大的甚至灾难性的损失。在计算机领域，大型软件开发和维护过程中遇到的一系列严重问题被称为“软件危机”（Software Crisis）。软件危机的出现表明，必须寻找新的技术和方法来指导大型软件的开发。考虑到机械、建筑等领域都经历过从手工方式演变成严密、规范、完整的工程科学的过程，人们认为大型软件的开发也应该向“工程化”方向发展，逐步发展成一门完整的工程学科。1968 年在北大西洋公约组织（简称北约）的一次学术会议上首次提出“软件工程”（Software Engineering）概念。

12.1.3　软件工程与软件质量

软件工程没有严格统一的定义，一般可以理解为采用工程的概念、原理、技术和方法来开发和维护软件，把经过时间考验证明正确的管理技术和当前能够得到的最好的技术方法结合起来。实践表明，软件工程方法和技术确实对大型软件的开发产生了巨大影响。

著名的软件工程专家（巴利·玻姆，1935—）Barry Boehm 综合有关专家和学者的意见并总结了多年来开发软件的经验，于 1983 年提出了软件工程的 7 条基本原则：

（1）用分阶段的生存周期计划进行管理，即划分软件生存周期阶段，每个阶段都要有严格的计划。

（2）坚持阶段评审，即尽量在各生存周期阶段中发现并纠正错误和缺陷。

（3）实行严格的产品控制，即确保各生存周期阶段的产品一致。

（4）采用现代程序设计技术，即尽可能地使用现代化的开发方法。

（5）明确责任，即明确各阶段各部分产品与责任人的承诺，应能清楚地审查。

（6）开发小组的人员应该少而精。

（7）具有持续改进开发过程的共识，即愿意并尽可能地使用新技术。

软件的开发是一项复杂的系统工程，几十年来，相关领域的专家、学者及实际开发人员一直在不断总结、探索提高软件质量的开发方法，提出了包括结构化方法、快速原型法、面向对象法、敏捷法、微软过程等行之有效的软件开发方法。

12.1.4 计算机软件的分类

计算机软件通常分类为系统软件（System Software）和应用软件（Application Software）。操作系统是最重要的系统软件。

1. 系统软件

系统软件主要管理计算机软硬件资源，并为应用软件提供一些基本的、共同的功能支持，它往往与具体应用领域无关；而应用软件是在系统软件的支持下解决特定领域的具体问题。例如，操作系统是系统软件，并不能解决什么具体的应用问题；“拍照识花”是应用软件，能够完成对花卉（植物）的自动识别，但“拍照识花”这个应用软件要在操作系统这个系统软件的支持下才能运行并完成相应的功能。一部手机如果没有安装操作系统或操作系统出现故障，“拍照识花”等手机 APP 是无法安装和运行的。

无论是超级计算机、大型计算机，还是台式机、笔记本计算机、手机，都需要安装操作系统软件后才能使用。商家通常会预先安装好台式机、笔记本计算机、手机所需要的操作系统。如果没有高性能的操作系统的支持，整个计算机系统的性能都会受到严重影响。台式机、笔记本计算机常用的操作系统主要有 UNIX、Linux、Windows、Mac OS 等，常用的手机操作系统有安卓（Android）、iOS（专用于苹果手机）和华为鸿蒙（HUAWEI Harmony-OS）等。

2. 应用软件

应用软件泛指那些专门用于解决各种具体应用问题的软件。由于计算机的通用性和应用的广泛性，应用软件比系统软件更丰富多样，可以将应用软件分为通用应用软件和专用应用软件。通用软件可以为多个行业和领域的人们使用，完成各自的任务，如 Office 办公软件、多媒体制作软件等。专用应用软件只供某个行业或某些人使用，如“拍照识花”软件、火车票售票软件等。人工智能应用软件一般都属于专用应用软件。

12.2　程序设计语言

要想让计算机帮助解决实际问题，不仅需要硬件支持，还需要编写相应的程序。“工欲善其事，必先利其器”，编写程序和写文章有些类似，文章给人看，程序给计算机“看”。写文章首先要选定一种书写语言，编写程序也要选定合适的语言。编写程序用的语言叫程序设计语言。程序设计语言是一种让人与计算机之间进行交流，让计算机理解人的意图并按照人的意图完成工作的符号系统。计算机解决问题的基本路径是：面向问题设计算法，依据算法编写程序，计算机执行程序解决问题。

程序设计语言经历了机器语言、汇编语言和高级语言 3 个发展阶段，机器语言和汇编语言都称为低级语言，随着软件开发方法的演进和应用的拓展，在早期的高级语言之后，又出现了结构化程序设计语言、面向对象程序设计语言、人工智能程序设计语言等高级语言。

为便于理解，可以把程序设计语言和汉语做一个不太严格的类比：机器语言相当于甲骨文，只有很少的程序设计专家才能用机器语言编写程序、读懂机器语言程序；汇编语言相当于文言文，计算机专业人员一般都能用汇编语言编写程序、读懂汇编语言程序；高级语言相当于白话文，非计算机专业人员也能用高级语言编写程序、读懂高级语言程序，当然编写出高质量的规模比较大的程序还是不容易的。

12.2.1　机器语言

1952 年之前，人们只能使用机器语言来编写程序。机器语言是由二进制编码指令构成的语言，是一种依附于机器硬件的语言。

把两个内存单元中的数相加，并将结果存入另外一个单元的机器语言程序代码如下：

```
0001 0101 01101100
```

0001 0110 01101101

0101 0000 01010110

0011 0000 01101110

用机器语言编写程序，程序员必须要记住每条指令对应的二进制数是什么，编写出来的程序就是由 0 和 1 组成的数字串。一个机器语言程序，就是一大片的 0、1 数字集合。用机器语言编写程序存在 3 个方面的主要困难：指令难以准确记忆、程序容易写错、程序难以理解和修改。

12.2.2 汇编语言

1952 年出现了汇编语言。汇编语言是由助记符指令构成的语言，也是一种依附于机器硬件的语言。在汇编语言中，使用助记符来表示指令的功能，如用 MOV 表示数据传送操作，用 ADD 表示加法操作等，使用存储单元或寄存器的名字表示操作数。相对于机器语言，记忆汇编语言的指令就容易多了，编写出的程序也比较容易理解。

把两个内存单元中的数据相加，并将结果存入另外一个单元的汇编语言程序代码如下：

MOV R5，X

ADD R5，Y

MOV Z，R5

和机器语言程序比较，汇编语言程序实现的功能相同，但指令容易记忆，程序容易编写和理解。然而汇编语言的助记符对一般人来说仍是比较难以记忆的，而且需要编程人员对计算机的硬件结构有比较深入的了解。

12.2.3 早期高级语言

机器语言中的指令用二进制数字串表示，汇编语言中的指令用英文助记符表示，而高级语言中的语句用英文和数学公式表示，更容易被编程人员理解和掌握。

把两个内存单元中的数相加，并将结果存入另外一个单元的高级语言程序只用如下一条语句即可：

Z = X + Y

这一条语句就能实现把内存单元 X 中的数与 Y 中的数相加并把结果存入 Z 单元的功能。从这个简单的例子可以看出，用高级语言编写程序，既简单又容易理解。

实际上，计算机只能直接执行由机器语言编写的程序。汇编语言源程序和高级语言源程序都需要首先翻译为等价的机器语言程序才能被计算机执行，目前这种翻译工作都由专门的计算机程序来完成，分别称为汇编程序和编译（解释）程序。

由于机器语言实在是难以学习和理解，所以一般不直接用机器语言编写程序。相对于高级语言，汇编语言也有难以学习和理解的不足，但汇编语言靠近机器，能够充分利用计算机硬件的特性，所以编写出的程序效率较高（占用内存少、执行速度快）。对效率要求较高的规模不大的程序仍然可选用汇编语言编写，但更多的规模比较大的程序还是用高级语言来编写。

1. FORTRAN 语言

第一个实用的高级语言是美国 IBM 公司的约翰 · 巴克斯（John W. Backus，1924—2007）等人于 1957 年研制成功的 FORTRAN（FORmula TRANslator，公式翻译器），用于数学公式的表达和科学计算，其编译程序由 25 000 行机器语言指令组成，安装在 IBM 704 计算机上使用。以后又陆续研发出多个版本，包括结构化版本和面向对象版本。

2. ALGOL 语言

ALGOL（ALGOrithmic Language，算法语言）也是用于科学计算，其最早版本是 1958 年推出的 ALGOL 58，后续版本有 ALGOL 60 和 ALGOL 68。这两个版本曾经在我国得到广泛的学习和使用，其后继语言 Pascal 出现后，ALGOL 逐渐被淘汰。

3. COBOL 语言

COBOL（COmmon Business-Oriented Language，面向商业的通用语言）用于企业管理和事务处理，以一种接近于英语书面语言的形式来描述数据特性和数据处理过程，便于理解和学习。1960 年 4 月正式公布第一个版本 COBOL 60，后续推出了多个版本。

4. BASIC 语言

BASIC 的研发者认为，FORTRAN、ALGOL 和 COBOL 语言都是面向计算机专业人员的，为使各专业的大学生都能较快地掌握一种编程语言，研发了 BASIC（Beginner's All-purpose Symbolic Instruction Code，初学者通用符号指令代码）。BASIC 确实简单、易学，一经推出很快流行起来。20 世纪 80 年代，谭浩强教授等编写的《BASIC 语言》教材，销售量超过 1200 万册，从一个侧面说明了 BASIC 语言在当时的流行程度。

12.2.4 结构化程序设计语言

在 20 世纪五六十年代，受计算机性能、编程语言、应用领域等因素的限制，编写的程序一般都比较小，编程人员更多注重程序功能的实现和编程技巧，在正确实现程序功能的前提下，尽可能少占用内存空间并使程序具有较高的运行效率。

到了 20 世纪 60 年代末，随着计算机性能的提高和应用的深入，需要编写规模较大的程序。实践表明，沿用过去编写小程序的方法编写中、大规模的程序是不行的，往往导致编写出的程序可靠性差、错误多且难以发现和修改。为此，人们开始重新审视程序设计中的一些基本问题，以保证程序设计的质量。

1969 年，埃德斯加·狄克斯特拉（Edsgar W. Dijkstra，1930—2002）提出了结构化程序设计的概念。经过几年的探索和实践，结构化程序设计方法的应用取得了成效。结构化程序设计方法编写出来的程序，不仅结构良好、容易理解和阅读，而且容易发现和改正错误。

到 20 世纪 70 年代末，结构化程序设计方法得到了很大的发展。好的程序设计方法要有相应的程序设计语言支持。1971 年，尼克莱斯·沃思

（Niklaus Wirth，1934—）研发了第一个结构化程序设计语言 Pascal，后来出现的 C 语言也属于结构化程序设计语言，FORTRAN、COBOL 和 BASIC 也都有结构化版本推出。

1. Pascal 语言

Pascal 是在 ALGOL 语言的基础上发展起来的，以法国著名科学家帕斯卡（Blaise Pascal）的名字命名。这位物理学家、数学家在 1642 年曾经发明了齿轮式、能进行加减运算的机械式计算机，著名的帕斯卡定律就是他发现的。

Pascal 的第一个版本出现在 1971 年，之后出现了适合于不同机型的各种版本，现在人们很少再学习、使用 Pascal 了。

2. C 语言

C 语言是在 ALGOL 60 的基础上添加了硬件处理功能而发展起来的。1973 年，贝尔实验室将用汇编语言编写的 UNIX 操作系统用 C 语言改写成 UNIX 第 5 版，C 语言代码占 90%以上，只对最关键部分保留汇编语言代码。1975 年，用 C 语言编写出 UNIX 第 6 版。随着 UNIX 的日益广泛使用，C 语言也得以迅速推广。C 语言已成为当代最优秀的程序设计语言之一，而且衍生出了得到广泛应用的 C++、C# 等面向对象程序设计语言。

12.2.5　面向对象程序设计语言

几十年的程序设计实践表明，结构化程序设计方法在一定程度上保证了编写较大规模程序的质量，但随着时间的推移，也逐渐暴露了其本身存在的一些不足。为了弥补结构化程序设计方法的不足，适应程序设计新发展的需要，20 世纪 80 年代，人们提出了面向对象的程序设计方法。

面向对象的方法不再将问题分解为过程，而是将问题分解为对象，对象将自己的属性和方法封装成一个整体，供程序设计者使用，对象之间的相互作用则通过消息传递来实现。使用面向对象的程序设计方法，可以使人们对复杂系统的认识过程与程序设计过程尽可能一致。

相对于结构化程序设计方法，面向对象方法能够更进一步提高程序的开发效率，保证程序的质量。

面向对象的程序设计方法也要有面向对象的程序设计语言支持。

1. Simula 67 和 Smalltalk

发布于 1967 年的 Simula 67 被公认为是第一个面向对象程序设计语言。Simula 67 的基础是 ALGOL 60。20 世纪 80 年代美国 Xerox Palo Alto 研究中心推出了 Smalltalk，它完整地体现并进一步丰富了面向对象的概念。虽然 Simula 67 和 Smalltalk 的应用并不广泛，但作为最早的面向对象程序设计语言，它们对 C++、Java 等得到广泛应用的面向对象语言的开发产生了重要影响。

2. C++

C++语言最先由 AT&T 公司贝尔实验室计算机科学研究中心的本贾尼·斯特劳斯特卢普（Bjarne Stroustrup，1950—）在 20 世纪 80 年代初设计并实现，它是以 C 语言为基础的支持数据抽象和面向对象风范的通用程序设计语言，从 Simula 67、ALGOL 68 和 Ada 等语言中吸取了多种先进特性，并保持了 C 语言紧凑、灵活、高效和移植性好的优点。借助于 C 语言的广泛普及基础，C++得到了广泛应用。

3. Java

Java 语言是由 Sun Microsystems 公司于 1995 年 5 月推出的一种支持网络计算的面向对象程序设计语言。Java 语言吸收了 Smalltalk 语言和 C++语言的优点，增加了并发程序设计、网络通信和多媒体数据控制等特性，也是目前得到广泛应用的一种面向对象程序设计语言。

4. C#

C#语言是微软公司发布的一种面向对象的、运行于 .NET Framework 之上的高级程序设计语言。C# 在语法规则与系统结构上与 Java 有很多相似之处。比如，它包括了单继承机制、界面以及与 Java 几乎相同的语法，是微软公司基于 .NET 网络框架进行系统开发的主角。

5. Python

Python 的设计者是荷兰人吉多·范·罗苏姆（Guido van Rossum，1956—），Python 这个名字来自于他非常着迷的英国喜剧团体 Monty Python。1991 年发布了第一个公开版本，2000 年 10 月，Python 2.0 正式发布，Python 开始得到广泛应用。目前得到最广泛应用的是 Python 3.x 版本。

相对于 C、C++、Java 等程序设计语言，Python 语言主要有两个方面的特点，一是易学易用；二是类库丰富。这两个特点使 Python 成为一种广受欢迎、得到广泛应用的面向对象程序设计语言。

(1) 易学易用。Python 语言的语法很多来自于 C 语言，但比 C 语言更为简洁，可以用更少的代码实现相同的功能，也更容易学习、掌握和使用。Python 语言使编程人员更多地关注数据处理逻辑，而不是语法细节。

(2) 类库丰富。Python 解释器提供了几百个内置类库，此外，世界各地的程序员通过开源社区贡献了十几万个第三方库，几乎覆盖了计算机应用的各个领域，编写 Python 程序可以大量利用已有的内置类库和第三方库中的函数。在一定程度上说，使用 Python 语言编写程序，是基于大量的现成函数（程序代码）来组装程序，大大减少了编程人员自己编写代码的工作量，简化了编程工作，提高了代码质量。

12.2.6 人工智能程序设计语言

人工智能是让计算机具有类似于人的智能，完成诸如判断、推理、证明、识别、学习等智能性工作。实际上，计算机所做的所有工作都是在程序的支持下完成的，程序设计也同样是实现人工智能的关键。人工智能程序要能有效地处理知识表示和逻辑推理，擅长数值计算和事务处理的 FORTRAN、COBOL、BASIC、Pascal 和 C 语言等不大适合于编写人工智能程序。人们开发出了适合于知识表示和逻辑推理的人工智能语言，主要有 LISP 和 PROLOG。

1. LISP 语言

LISP 是表处理（LISt Processing）的缩写，LISP 语言在 1958 年由美国麻省理工学院的人工智能小组提出，1960 年由约翰·麦卡锡（John McCarthy）教授整理成统称为 LISP 1.0 的形式发表，以后陆续出现了 LISP 1.5、LISP 1.6、MACLISP、INTERLISP、COMMONLISP、GCLISP 和 CCLISP 等版本，其中 INTERLISP、MACLISP 和 COMMON LISP 最为流行，得到广泛应用。LISP 语言设计了一套符号处理函数，它们具有符号集上的递归函数的计算能力，原则上可以解决人工智能中的任何符号处理问题。LISP 语言的主要不足：一是数据类型少，表达能力有限；二是程序执行速度较慢。约翰·麦卡锡教授因发明 LISP 语言等重要贡献获得 1971 年度图灵奖。

2. PROLOG 语言

PROLOG 是逻辑程序设计（PROgramming in LOGic）的缩写，1972 年法国马赛大学的阿兰·科尔默劳尔（Alain Colmerauer，1941—2017）等人设计实现了解释性 PROLOG 语言，在欧洲人工智能领域得到广泛应用。

PROLOG 基于一阶谓词逻辑，既有坚实的理论基础，又有较强的表达能力。PROLOG 语言自动实现模式匹配、回溯这两种人工智能中常用的基本操作，其主要不足是系统开销较大、程序执行效率较低。

在人工智能领域中，LISP 语言和 PROLOG 语言仍在使用，最近几年，又出现了可视化的 Visual LISP 和 Visual PROLOG。

3. Python 语言

人工智能近几年的应用主要是机器学习和深度学习，之所以把 Python 列入人工智能语言再介绍一次，是因为 Python 事实上已成为近几年人工智能领域的首选编程语言。主要原因如下：

（1）有大量的 AI 库可用。Scikit-Learn：常用机器学习算法库，包含有 k-近邻、支持向量机、k-均值和 DBSCAN（密度聚类）等多种常用的分类、聚类算法。

TensorFlow：深度学习模型库，可用于搭建深度学习模型。PyTorch 和 Caffe2 具有与 TensorFlow 类似的功能。

NLTK：自然语言处理工具包，可用于实现各种自然语言处理功能。

OpenCV：跨平台计算机视觉和机器学习库，可用于实现图像处理和计算机视觉等功能。

（2）强大的数据处理能力。NumPy 库支持多维数组与矩阵运算，与 SciPy 配合使用具有高性能的矩阵计算能力，不管是机器学习，还是深度学习，模型、算法、神经网络结构都可以用现成的，但数据是要自己负责输入/输出并传递给模型的，NumPy 可以高效地完成矩阵数据的处理。

需要说明的是，Python 代码所做的工作就是把相关库提供的库函数组织在一起，所调用的人工智能库函数一般都是用 C 或者 C++编写的（如 TensorFlow、Caffe 等），真正执行的还是高效的 C 或 C++代码。

12.3　算法设计

用计算机解决问题的过程，可以分成如下几个主要阶段：

（1）分析问题、设计算法。认真分析拟解决的问题及要实现的功能，给出解决问题的明确步骤，即设计出针对拟解决问题的算法。

（2）选定语言、编写程序。根据问题的性质，选定一种合适的程序设计语言（及相应的开发环境），依据设计出的算法编写源程序。

（3）调试执行程序。把源程序输入计算机并执行，选用一些有代表性的数据对程序功能和性能进行测试，经过规范严格的测试，如果不再发现错误，程序就可以交付使用了。如果在测试中发现错误，就要分析错误的性质。如果是算法设计有问题，就重新分析问题、修改算法或重新设计算法；如果是程序编写有问题，就设法在程序中找到错误并改正。

在计算机上运行的是程序，程序的功能是帮助我们解决工作、学习、生活中大大小小的问题，但编写程序依据的是算法。设计算法是编写程序的基础，特别是对于复杂问题的解决，设计出好的算法才能编写出高质量的程序。

12.3.1　算法的定义

在计算机领域，算法（Algorithm）是为解决一个特定的问题而精心设计的一系列操作步骤，这些操作步骤将问题描述的输入数据逐步处理、转换，并最后得到一个确定的结果。算法设计是程序设计（软件开发）的重要基础。当需要编写复杂一些的程序时，无论选用哪种程序设计语言，都需要先设计算法，然后再编写程序。不同的问题需要用不同的算法来解决，同一问题也可能设计出多个不同的算法。

算法具有如下特性：

（1）有穷性。一个算法必须总是在执行有限个操作步骤后完成其执行过程。即对于一个算法，要求其在执行时间和存储空间上均是有穷的。这里的有穷不是数学上的有穷，而是现实环境可以接受的执行时间和存储空间。

（2）确定性。算法中的每一步操作都必须有明确的含义，不允许存在二义性。

（3）有效性。算法中描述的每一步操作都应该能有效地执行，并最终得到确定的结果。

（4）输入及输出。一个算法应该有零个或多个输入数据，有一个或多个输出数据。设计算法的目的是为了求解问题得到结果，因此没有输出的算法是没有意义的。

12.3.2 算法的评价标准

用计算机解决问题的关键是设计出好的算法。针对同一个问题，可以设计不同的算法。如何评价算法的优劣是算法分析、比较、选择的基础。算法的评价标准包括正确性、健壮性、可理解性、伸缩性和高效性5个方面。

1. 算法的正确性

算法的正确性是指算法能够正确地实现所要实现的功能。就目前的研究来看，通过理论方式证明一个算法的正确性是非常复杂和困难的，一般采用测试的方法。基于算法编写出相应的程序，然后在计算机上执行程序，检验测试程序是否能正确实现所要求的功能。针对要实现的功能，选定一些有代表性的输入数据，经程序执行后，查看输出结果是否和预期结果一致。如果不一致，则主要有两类错误：一是算法错误；二是程序编写错误。若算法有错误，应修改完善算法或者重新设计算法，再修改相应的程序进行新的测试，直至通过测试。

所谓测试程序的正确性，就是输入数据、执行程序，观察能否得到预期的输出结果。当然，输入数据要尽量选取有代表性的数据。比如，要检验一个新设计的人脸识别算法能否有效识别人脸，测试相应的程序时，要选择不同性别、不同年龄、不同脸型等多样性人脸进行测试，还要测试正脸、侧脸、强光、弱光等各种与实际应用场景类似的形态。针对不同领域、不同应用场景可以设置不同标准的测试要求。设定的测试要求通过后，才能投入实际场景应用。

一些大的软件开发公司基于算法开发的软件，先是在开发人员内部进行测试，然后在公司内部（与开发人员不同的一些人）进行测试，最后再请用户或第三方进行测试。

2. 算法的健壮性

算法的健壮性是指一个算法对不合理输入数据的反应能力和处理能力，也称为容错性。对于不合理或错误的数据输入，算法应当能够识别并做出便于用户理解的反应，而不是没有反应或进入一般用户难以理解的程序报错甚至瘫痪状态。

例如，考试成绩统计分析程序的功能之一是统计不及格成绩的平均值。一般思路是统计不及格成绩的累加和以及个数，然后用累加和除以个数即可。实际应用这个程序分析某门课程的考试成绩时，如果其中至少有一个不及格的成绩，则程序没有问题；如果没有不及格的成绩，即不及格成绩个数为 0，程序将会出现除零操作，导致程序非正常结束，此时会给一般用户产生较大的困扰。如果程序设有异常处理机制，即做除法之前，先判断除数是否为 0，如果为 0，则不进行除法操作，而是输出提示信息“没有不及格的成绩”，这对于用户来说是非常友好的一种应对策略。目前的程序设计语言都提供了功能强大的异常（容错）处理机制，用以保证算法（程序）的健壮性。

3. 算法的可理解性

算法的主要作用有两个，一是用于人与人之间的讨论交流；二是据此编写程序。可理解性既有助于人们的讨论交流和算法的优化完善，也有助于程序实现以解决实际问题。一个高质量的算法不是一时就能设计好的，一个程序也不是一次就能编写正确的，算法和程序中存在的错误和不足需要不断地修改和完善，算法的可理解性是不断提高算法质量和程序正确性的基础。

4. 算法的可伸缩性

算法的可伸缩性指算法在处理各种规模的数据时都有很好或较好的性能。

有的算法在数据规模较小时性能很好，当数据大到一定规模时，性能急剧下降，甚至于无法在合理时间内得到结果，这样的算法伸缩性就不好。在当今的大数据时代，很多问题的解决都需要通过处理大量的数据来完成，算法的可伸缩性尤显重要。

5. 算法的高效性

算法的效率包括时间效率和空间效率，也分别称为时间复杂度和空间复杂度。时间效率是指依据算法编写的程序在计算机上运行时所耗费时间的度量。空间效率是指依据算法编写的程序在计算机上运行时所需存储空间大小的度量。一个高效的算法应是运行速度快且占用存储空间小的算法，但要设计出这种“既要马儿跑得快，又要马儿不吃草”的算法并不容易，往往是运行速度快的算法占用的存储空间也大，占用存储空间小的算法运行速度就慢一些。所谓好的算法即指根据应用场景需求和设备情形达到时间效率与空间效率的综合最优。

12.3.3 人工智能算法的特点

研制计算机的目的就是为了解决实际问题，伴随着计算机技术的不断进步和计算机性能的不断提高，计算机应用从单纯的数值计算逐渐扩展到信息处理、过程控制、辅助设计、网络应用与人工智能等各个领域。人工智能的应用起步并不晚，1956 年达特茅斯会议上展示的进行定理自动证明的“逻辑理论家”程序就属于人工智能应用，但人工智能应用进入大众的日常工作与生活则是近几年的事情。那么人工智能应用和非人工智能应用有什么区别呢?

我们先看一个“人完成任务”的例子：课间休息时老师请学生帮忙去拿粉笔。

非智能形态：老师要详细告诉学生拿粉笔的步骤及遇到不同情况的不同应对方式，需要告诉学生按如下步骤进行：

（1）出教室门左转，看隔壁教室能否拿到，如果隔壁教室有粉笔，就在隔壁教室拿 5 根回来，否则就去二楼值班室（206 房间）。

（2）如果值班室有人，就拿一盒粉笔回来，如果值班室没人，就直接回来继续上课。

智能形态：老师只是告诉学生去找几根粉笔回来。学生会根据自己的经验（已经多次去给老师拿粉笔），自主决定是先到隔壁教室看看，还是直接到二楼的值班室去拿，如果值班室没人，可根据是否临近上课时间决定直接回教室，还是到值班室旁边的教室再看看。

两种形态的主要区别是，非智能形态下学生完全按照老师规定的步骤进行操作，前提是老师要给出详细、明确、可行的步骤；智能形态下老师无须给出明确的步骤，学生依靠自主决策即可完成任务。

非人工智能应用与人工智能应用类似于上面的两种形态。

非人工智能应用：算法（程序）要给出详细、明确、可行的工作步骤，即直接告诉计算机一步一步的工作步骤，计算机完全按算法规定的步骤执行，完成相应的任务。例如，可在手机上安装使用的体重指数（BMI）计算 APP，就是一个非人工智能应用程序，程序中明确写明了计算步骤与计算公式，根据用户输入的身高、体重及选择的标准和性别，程序计算出指数值并显示给用户。

人工智能应用：算法（程序）不是直接告诉计算机一步一步做什么，而是训练一个模型，由训练好的模型来完成任务。对于常用的人脸识别算法，并不是一步一步直接告诉计算机怎么识别一个人，而是一个具有训练（或称为学习）功能的算法，在大量数据的支持下训练出一个可用的人脸识别模型，然后由这个模型自主对人脸进行判断识别。

再回来说我们给出的学生帮老师拿粉笔的例子，非智能模式就是学生严格按老师交代的步骤去做，这对于第一次做此事的学生或许是必要的；而智能模式下就是学生自主决定如何去完成老师给的拿粉笔任务，前提是学生有过拿粉笔的经历（可看作是有训练或学习经历），积累了拿粉笔的经验。

人工智能研究与应用需要 3 个方面的支撑：高性能计算机、大数据和高质量算法。目前来看，高性能计算机条件已经具备，很多领域也积累了大数据，需要重点解决的问题是设计出通用的或完成某类（个）任务的高质量算法。实际上，人工智能领域 10 位图灵奖获得者所做的工作主要是在算法设计上的贡献。

参考文献

[1] 尼克．人工智能简史［M］．北京：人民邮电出版社，2017．

[2] 李德毅，于剑．人工智能导论［M］．北京：中国科学技术出版社，2018．

[3] 人工智能标准化白皮书（2018）［EB/OL］．（2018-01-24）［2022-02-16］．http://www.cesi.cn/201801/3545.html．

[4] 王万良．人工智能通识教程［M］．北京：清华大学出版社，2020．

[5] 安德鲁·霍奇斯．艾伦·图灵传［M］．孙天齐，译．长沙：湖南科学技术出版社，2012．

[6] 吴鹤龄，崔林．ACM 图灵奖：计算机发展史的缩影［M］．5 版．北京：高等教育出版社，2016．

[7] 图灵测试［EB/OL］．［2022-02-16］．https://www.xuexi.cn/lgpage/detail/index.html?id=9149959872976878890．

[8] 周志华．机器学习［M］．北京：清华大学出版社，2016．

[9] 华凌．冬奥 AI 手语主播亮相，用人工智能技术跨越声音的障碍［N］．科技日报，2021-11-29（6）．

[10] 吴文俊主页［EB/OL］．［2022-02-16］．http://www.mmrc.iss.ac.cn/~wtwu/．

[11] 吴文俊人工智能科学技术奖［EB/OL］．［2022-02-16］．http://wwjkjj.caai.cn/index.aspx．

[12] 徐晓兰．中国机器人产业战略研究及西部发展机遇［J］．中国发展，2015，15（5）：61-65．

[13] 机器人产业发展规划（2016—2020 年）发布 [EB/OL]. [2022-02-16]. https://www.ndrc.gov.cn/xxgk/zcfb/ghwb/201604/t20160427_962181.html.

[14] 汽车驾驶自动化分级国家标准（GB/T 40429—2021）[EB/OL]. [2022-02-16]. http://openstd.samr.gov.cn/bzgk/gb/newGbInfo?hcno=4754CB1B7AD798F288C52D916BFECA34.

[15] 国家中长期教育改革和发展规划纲要（2010—2020 年）[EB/OL]. [2022-02-16]. http://www.moe.gov.cn/srcsite/A01/s7048/201007/t20100729_171904.html.

[16] 教育部关于印发《教育信息化十年发展规划（2011—2020 年）》的通知 [EB/OL]. [2022-02-16]. http://www.moe.gov.cn/srcsite/A16/s3342/201203/t20120313_133322.html.

[17] 中共中央办公厅 国务院办公厅关于印发《2006—2020 年国家信息化发展战略》的通知 [EB/OL]. [2022-02-16]. http://www.gov.cn/gongbao/content/2006/content_315999.htm.

[18] 南国农. 教育信息化建设的几个理论和实际问题（上）[J]. 电化教育研究，2002，23（11）：3-6.

[19] 陈琳，陈耀华. 教育信息化概论 [M]. 北京：科学出版社，2021.

[20] 教育部教育信息化战略研究基地（华中）. 中国教育信息化发展报告（2013）[M]. 北京：人民教育出版社，2015.

[21] 教育信息化“十五”发展规划（纲要）[EB/OL]. [2022-02-16]. http://www.moe.gov.cn/srcsite/A16/s7062/200209/t20020904_82366.html.

[22] 教育部关于印发《教育信息化“十三五”规划》的通知 [EB/OL]. [2022-02-16]. http://www.moe.gov.cn/srcsite/A16/s3342/201606/t20160622_269367.html.

[23] 教育部关于印发《教育信息化 2.0 行动计划》的通知 [EB/OL]. (2018-04-18) [2022-02-16]. http://www.moe.gov.cn/srcsite/A16/

s3342/201804/t20180425_334188. html.

[24] 教育部办公厅关于公布 2019 年度“智慧教育示范区”创建项目名单的通知 [EB/OL]. [2022-02-16]. http://www. moe. gov. cn/srcsite/A16/s3342/201905/t20190517_382370. html.

[25] 中国人工智能学会. 人工智能发展报告（2019—2020）[M]. 北京：机械工业出版社，2020.

[26] 任友群，黄荣怀. 普通高中信息技术课程标准（2017 年版）解读 [M]. 北京：高等教育出版社，2018.

[27] 袁中果，常青，龚超. 以课程群建设推动中小学人工智能教育普及 [J]. 中小学数字化教学，2021（4）：14-18.

[28] 熊璋. 青少年人工智能教育更应重视立德树人 [J]. 中小学数字化教学，2021（3）：1.

[29] 为什么选择北大通用人工智能实验班 [EB/OL].（2021-06-28）[2022-02-16]. http://www. ai. pku. edu. cn/info/1086/1887. htm.

[30] 清华大学 2019 年校园开放日举行：新增设“人工智能学堂班”[EB/OL]. [2022-02-16]. https://www. tsinghua. edu. cn/info/1173/17596. htm.

[31] 南京大学人工智能学院. 南京大学人工智能本科专业教育培养体系 [M]. 北京：机械工业出版社，2019.

[32]“新工科”建设复旦共识 [J]. 复旦教育论坛，2017，15（2）：27-28.

[33]“新工科”建设行动路线（“天大行动”）[J]. 高等工程教育研究，2017（4）：24-25.

[34] 陈国强. 探索“新医科”创新人才培养方案 [N]. 中国教育报，2021-03-22（5）.

[35] 中国新农科建设宣言：《安吉共识》[EB/OL]. [2022-02-16]. http://edu. people. com. cn/n1/2019/0628/c1006－31202615. html.

[36] 50 余所高校开启“北大仓行动”新农科建设打好“基础桩”[EB/OL]. [2022-02-16]. http://edu. people. com. cn/n1/2019/0919/c367001－31362597. html.

[37] 新文科建设工作会在山东大学召开（发布《新文科宣言》）. [EB/OL]. [2022-02-16]. http://www.moe.gov.cn/jyb_xwfb/gzdt_gzdt/s5987/202011/t20201103_498067.html.

[38] 王作冰. 人工智能时代的教育革命 [M]. 北京：北京联合出版公司，2017.

[39] 杨小康. 人工智能堵住了应试教育的华容道 [J]. 中国计算机学会通讯，2017，13（12）：54-57.

[40] 谷业凯. 智慧医疗，让看病更便捷 [N]. 人民日报，2021-05-24（18）.

[41] 唐子惠. 医学人工智能导论 [M]. 上海：上海科学技术出版社，2020.

[42] 中共中央国务院印发《"健康中国2030"规划纲要》[EB/OL]. [2022-02-16]. http://www.gov.cn/gongbao/content/2016/content_5133024.htm.

[43] 国务院办公厅关于促进"互联网＋医疗健康"发展的意见 [EB/OL]. [2022-02-16]. http://www.gov.cn/zhengce/content/2018－04/28/content_5286645.htm.

[44] 国家卫生健康委办公厅关于进一步完善预约诊疗制度加强智慧医院建设的通知 [EB/OL]. [2022-02-16]. http://www.nhc.gov.cn/yzygj/s3594q/202005/b2adae99376d4af0834fd8d43c5ddb4f.shtml.

[45] 重庆市人民政府办公厅关于印发重庆市智慧医疗工作方案（2020—2022年）的通知 [EB/OL]. [2022-02-16]. http://www.cq.gov.cn/zwgk/zfxxgkzl/fdzdgknr/zdmsxx/yl/zyzc/202008/t20200824_8837775.html.

[46] 张学高，胡建平. 医疗健康人工智能应用案例集 [M]. 北京：人民卫生出版社，2020.

[47] 上海申康医联工程简介 [EB/OL]. [2022-02-16]. https://www.shdc.org.cn/medicalGroup/index.

[48] 宋鰓，汪漪. 我省已在55个县完成"智医助理"部署 [N]. 皖江晚报，2020-01-09（7）.

[49] 安芳芳，荆朝侠，彭燕，等. 达芬奇机器人的"前世、今生、来世"[J]. 中国医疗设备，2020，35（7）：148-151，168.

[50] 王佳斌，罗国金. 机器人心脏外科“强强联合”[N]. 光明日报，2010-07-04 (2).

[51] 全国首台顶配第四代达芬奇手术机器人落户哈医大肿瘤医院 [EB/OL]. [2022-02-16]. http://hmucancerhospital. org. cn/news/newsInfo. shtml? id=5621.

[52] 李文慧. 机器人“睿米”首台手术很完美 [N]. 辽沈晚报，2018-11-09 (A05).

[53] 我省首台“睿米神经外科手术机器人”亮相哈医大四院 [EB/OL]. [2022-02-16]. https://www. hrbmu. edu. cn/xww/info/1044/12525. htm.

[54] 黄锦辉，李雪，侯宇. 骨科手术机器人“天玑”来了 [N]. 南方日报，2018-06-28 (A05).

[55] 何雪华，李雪，侯宇. “独臂侠”来加盟骨科手术快准稳 [N]. 广州日报，2018-06-28.

[56] 北京积水潭医院完成国内首例 5G 远程骨科机器人辅助创伤手术 [EB/OL]. [2022-02-16]. https://www. jst—hosp. com. cn/News/Articles/Index/21800.

[57] 山西省首台导诊机器人省医“上岗”[EB/OL]. [2022-02-16]. http://www. sxsrmyy. com/ss/tindex. asp? id=8048.

[58] 动脉网蛋壳研究院. 人工智能与医疗 [M]. 北京：北京大学出版社，2019.

[59] 严薇，郎林芳. 人机大战：机器人打败 6 大律师，重庆“大牛”真的牛 [N]. 重庆商报，2018-08-17 (1).

[60] 陈健. 司法公正与法院信息化 [N]. 中国计算机用户（报），1999-06-21 (49，51).

[61] 中华人民共和国人民法院组织法 [EB/OL]. [2022-02-16]. http://www. npc. gov. cn/npc/c12435/201810/ca60051abd0c4184bdf3b01ac85dcc57. shtml.

[62] 中华人民共和国法官法 [EB/OL]. [2022-02-16]. http://www. npc.

gov. cn/npc/c30834/201709/2aea3d9aaafd402d8a191566842d5a6a. shtml.

[63] 张守增，杜汉生，杜中杰. 最高法出台《决定》全面加强法院信息化工作 [N]. 人民法院报，2007-08-03 (1).

[64] 中共中央办公厅 国务院办公厅印发《国家信息化发展战略纲要》[EB/OL]. [2022-02-16]. http://www. gov. cn/xinwen/2016－07/27/content_5095336. htm.

[65] 国务院关于印发“十三五”国家信息化规划的通知 [EB/OL]. [2022-02-16]. http://www. gov. cn/zhengce/content/2016－12/27/content_5153411. htm.

[66] 最高人民法院关于加快建设智慧法院的意见 [EB/OL]. [2022-02-16]. http://gongbao. court. gov. cn/Details/5dec527431cdc22b72163b49fc0284. html.

[67] 王婵媛，叶燕杰，江佳佳，等. 司法领域大数据、人工智能应用问题研究 [M]. 成都：四川大学出版社，2020.

[68] 中国社会科学院法学研究所. 中国法院信息化第三方评估报告 [M]. 北京：中国社会科学出版社，2016.

[69] 陈甦，田禾. 中国法院信息化发展报告（2021）[M]. 北京：社会科学文献出版社，2021.

[70] 孙福辉. 智慧法院优秀案例选编 [M]. 北京：人民法院出版社，2021.

[71] 崔亚东. 人工智能与司法现代化 [M]. 上海：上海人民出版社，2019.

[72] 周宵鹏，李晓竹. 沧州智慧法院建设与纸“说再见”[N]. 法治日报，2021-04-04 (2).

[73] 喜报！北京 5 家法院荣获全国政法智能化建设“智慧法院创新案例”奖 [EB/OL]. [2022-02-16]. https://weibo. com/ttarticle/p/show? id＝2309404663976377057369.

[74] 最高人民法院关于互联网法院审理案件若干问题的规定 [EB/OL]. (2018-09-07) [2022-02-16]. http://www. court. gov. cn/fabu－xiangqing－116981. html.

[75] 余建华，周凌云，吴巍. 公正 & 效率，在网络互联互通：写在杭州互联网法院挂牌成立一周年之际 [N]. 人民法院报，2018-08-18 (1，4).

[76] 中华人民共和国律师法 [EB/OL]. [2022-02-16]. http://www.npc.gov.cn/npc/c30834/201709/2463aa710dc14a2da0a604c1da6e96e8.shtml.

[77] 刘亚. 机器人抢滩海外律师市场 [J]. 方圆，2017 (14)：18-20.

[78] 青岛市公共法律服务大厅智能自助法律机器人"青岛小法"正式上岗 [EB/OL]. (2019-03-27) [2022-02-16]. http://qdsf.qingdao.gov.cn/tpxw/202111/t20211112_3809164.shtml.

[79] 张文凌. "法律机器人"会取代律师吗 [N]. 中国青年报，2017-08-22 (6).

[80] 魏丽娜，钱可屏，吕佳娜. 广州律协发布律师行业发展规划，2025 年广州将有 2.5 万名律师 [N]. 广州日报，2021-05-07 (A6).

[81] 上海市司法局发布《上海司法行政"十四五"时期律师行业发展规划》[EB/OL]. [2022-02-16]. http://sfj.sh.gov.cn/zwyw_ggflfw/20210611/47579034255e4b77b69b7c7c16b9d053.html.

[82] 理查德·萨斯坎德. 法律人的明天会怎样 [M]. 何广越，译. 2 版. 北京：北京大学出版社，2019.

[83] 韩志红. 从微软案件始末看美国反垄断法的实施 [J]. 经济法研究，2007，6 (00)：210-231.

[84] 周浩. 世纪末的审判 [EB/OL]. [2022-02-16]. https://bjgy.chinacourt.gov.cn/article/detail/2008/09/id/864849.shtml.

[85] 北京焦点互动信息服务有限公司南京分公司与北京百度网讯科技有限公司侵害作品信息网络传播权纠纷一审民事案. 江苏省南京市中级人民法院 (2017) 苏 01 民初 2340 号民事判决书.

[86] 北京焦点互动信息服务有限公司南京分公司与北京百度网讯科技有限公司侵害作品信息网络传播权纠纷二审民事案. 江苏省高级人民法院 (2018) 苏民终 1514 号民事判决书.

[87] 北京正普科技发展有限公司诉中国科学院计算机网络信息中心、阿里巴

巴（中国）网络技术有限公司计算机网络域名纠纷一审民事案．北京市第一中级人民法院（2001）一中知初字第50号民事判决书．

[88] 北京正普科技发展有限公司诉中国科学院计算机网络信息中心、阿里巴巴（中国）网络技术有限公司计算机网络域名纠纷二审民事案．北京市高级人民法院（2002）高民终字第93号民事判决书．

[89] 王姗姗．"人脸识别第一案"原告上诉个人信息保护诸多困境待解［EB/OL］．［2022-02-16］．https://s.cyol.com/articles/2020－12/19/content_rbvzePsv.html.

[90] 吴帅帅．"人脸识别第一案"判了［N］．科技日报，2020-11-30（8）．

[91] 陈栋，洪彬，胡剑飞．绍兴首例"大数据杀熟"案成功维权［EB/OL］．（2021-07-18）［2022-02-16］．http://news.cyol.com/gb/articles/2021－07/18/content_xG5OxiVmO.html.

[92] 朱昌俊．大数据杀熟：无关技术关乎伦理［N］．光明日报，2018-03-28（10）．

[93] 李国杰．有关人工智能的若干认识问题［J］．中国计算机学会通讯，2021，17（7）：44-50．

[94] 雷明．机器学习与应用［M］．北京：清华大学出版社，2019．

[95] 毛国君，段立娟．数据挖掘原理与算法［M］．3版．北京：清华大学出版社，2016．

[96] 周志华．Boosting学习理论的探索［J］．中国计算机学会通讯，2020，16（4）：36-42．

[97] 刘鹏，曹骝，吴彩云，等．人工智能：从小白到大神［M］．北京：中国水利水电出版社，2021．

[98] 杨立昆．科学之路：人、机器与未来［M］．李皓，马跃，译．北京：中信出版社，2021．

[99] 万赞．深度学习与人脑模拟［J］．中国计算机学会通讯，2016，12（2）：55-60．

[100] 陆建东．5G重构未来［M］．北京：北京大学出版社，2020．

[101] 李正茂，王晓云，张同须，等. 5G+：5G如何改变社会［M］. 北京：中信出版社，2019.

[102] 曾剑秋，吕可可. 5G赋能未来智慧社会［J］. 张江科技评论，2020(1)：27-29.

[103] 十部门关于印发《5G应用“扬帆”行动计划（2021—2023年）》的通知［EB/OL］.［2022-02-16］. https://www.miit.gov.cn/jgsj/txs/wjfb/art/2021/art_ccee7f20deb248358e2f348596e087da.html.

[104] 王作冰. 培养未来创造家［M］. 北京：人民日报出版社，2020.

[105] 国务院发展研究中心国际技术经济研究所，中国电子学会，智慧芽. 人工智能全球格局：未来趋势与中国位势［M］. 北京：中国人民大学出版社，2019.

[106] 《人工智能读本》编写组. 人工智能读本［M］. 北京：人民出版社，2019.

[107] 国务院关于印发新一代人工智能发展规划的通知［EB/OL］.［2022-02-16］. http://www.gov.cn/zhengce/content/2017－07/20/content_5211996.htm.

[108] 工业和信息化部关于印发《促进新一代人工智能产业发展三年行动计划（2018—2020年）》的通知［EB/OL］.［2022-02-16］. https://www.miit.gov.cn/zwgk/zcwj/wjfb/zh/art/2020/art_de90191568e94fb0b358864d30c67ae9.html.

[109] 科技部关于印发《国家新一代人工智能创新发展试验区建设工作指引（修订版）》的通知［EB/OL］.［2022-02-16］. http://www.most.gov.cn/xxgk/xinxifenlei/fdzdgknr/fgzc/gfxwj/gfxwj2020/202012/t20201224_171987.html.

[110] 杨漾. 人工智能“上海高地”加速崛起，全产业链体系初步成形［EB/OL］.［2022-02-16］. https://www.thepaper.cn/newsDetail_forward_13413290.

[111] 李娜，李登科. 郑州获批建设国家新一代人工智能创新发展试验区

[N]. 郑州日报，2021-12-02（1，2）.

[112] 科技部关于支持德清县建设国家新一代人工智能创新发展试验区的函[EB/OL]. [2022-02-16]. http://www.most.gov.cn/xxgk/xinxifenlei/fdzdgknr/qtwj/qtwj2019/201911/t20191105_149777.html.

[113] 德清县人民政府关于印发德清县新一代人工智能应用县发展规划的通知[EB/OL]. [2022-02-16]. http://www.deqing.gov.cn/hzgov/front/s186/zfxxgk/ghjh/ghxx/20200521/i2687617.html.

[114] 科技部关于印发《国家新一代人工智能开放创新平台建设工作指引》的通知[EB/OL]. [2022-02-16]. http://www.most.gov.cn/xxgk/xinxifenlei/fdzdgknr/fgzc/gfxwj/gfxwj2019/201908/t20190801_148109.html.

[115] 小米获颁智能家居国家新一代人工智能开放创新平台[EB/OL]. (2019-08-30)[2022-02-16]. https://smart.huanqiu.com/article/9CaKrnKmyu3.

[116] 田瑞颖，张双虎. 人工智能伦理迈向全球共识新征程[N]. 中国科学报，2021-12-23（3）.

[117] 殷佳章，房乐宪. 欧盟人工智能战略框架下的伦理准则及其国际含义[J]. 国际论坛，2020（2）：18-30.

[118] 发展负责任的人工智能：新一代人工智能治理原则发布[EB/OL]. [2022-02-16]. http://www.most.gov.cn/kjbgz/201906/t20190617_147107.html.

[119]《新一代人工智能伦理规范》发布[EB/OL].（2021-09-26）[2022-02-16]. http://www.most.gov.cn/kjbgz/202109/t20210926_177063.html.

[120] 刘霞. 2022 年人工智能领域发展七大趋势[N]. 科技日报，2021-11-25（4）.

[121] 华为发布《智能世界 2030》报告，探索未来十年的智能世界[EB/OL]. [2022-02-16]. http://www.xinhuanet.com/info/20210922/e8c14a079866

457cad57a4a0d0c15aee/c. html.

[122] 李开复，王咏刚. 人工智能 [M]. 北京：文化发展出版社，2017.

[123] 腾讯研究院. 人工智能 [M]. 北京：中国人民大学出版社，2017.

[124] 陈意云，王行刚. 计算机发展简史 [M]. 北京：科学出版社，1985.

[125] 赵奂辉. 激动人心：电脑史话 [M]. 杭州：浙江文艺出版社，1999.

[126] 李彦. IT 通史：计算机技术发展与计算机企业商战风云 [M]. 北京：清华大学出版社，2005.

[127] 马丁·坎贝尔-凯利，威廉·阿斯普雷，内森·恩斯门格，等. 计算机简史 [M]. 蒋楠，译. 3 版. 北京：人民邮电出版社，2020.

[128] 袁方，安海宁，肖胜刚，等. 大学计算机 [M]. 2 版. 北京：高等教育出版社，2020.

[129] 陈海滢，郭佳肃. 大数据应用启示录 [M]. 北京：机械工业出版社，2017.

[130] 程显毅. 大数据技术导论 [M]. 北京：机械工业出版社，2019.